稻渔综合种养新模式新技术系列丛书

全国水产技术推广总站 ◎ 组编

稻鱼综合种养技术模式与案例（山区型）

田树魁 ◎ 主编

中国农业出版社

北　京

稻渔综合种养新模式新技术系列丛书

丛书编委会

稻渔综合种养新模式新技术系列丛书

本书编委会

主　编　田树魁

副主编　石永伦　潘文良

编　者　（按姓名笔画排序）

石永伦　龙　斌　田树魁　华泽祥　杨其琴

郑泽芳　潘文良

丛书序

21世纪以来，为解决农民种植水稻积极性不高以及水产养殖病害突出、养殖水域发展空间受限等问题，在农业农村部渔业渔政管理局和科技教育司的大力支持下，全国水产技术推广总站积极探索水产养殖与水稻种植融合发展的生态循环农业新模式，农药化肥、渔药饲料使用大幅减少，取得了水稻稳产、促渔增收的良好效果。在全国水产技术推广总站的带动下，相关地区和部门的政府、企业、科研院校及推广单位积极加入稻渔综合种养试验示范，随着技术集成水平不断提高，逐步形成了“以渔促稻、稳粮增效、质量安全、生态环保”的稻渔综合种养新模式。目前，已集成稻-蟹、稻-虾、稻-鳖、稻-鲤、稻-鳅五大类19种典型模式，以及20多项配套关键技术，在全国适宜省份建立核心示范区6.6万公顷，辐射带动133.3万公顷。稻渔综合种养作为一种具有稳粮促渔、提质增效、生态环保等多种功能的现代生态循环农业绿色发展新模式，得到各方认可，在全国掀起了“比学赶超”的热潮。

“十三五”以来，稻渔综合种养发展进入快速发展的战略机遇期。首先，从政策环境看，稻渔综合种养完全符合党的十九大报告提出的建设美丽中国、实施乡村振兴战略的大政方针，以及农业供给侧改革提出的“藏粮于地、藏粮于技”战略的有关要求。《全国农业可持续发展规划（2015—2030年）》等均明确支持稻渔综合种养发展，稻渔综合种养的政策保障更有力、发展条件更优。其次，从市场需求看，随着我国城市化步伐加快，具有消费潜力的群体不断壮大，对绿色优质农产品的需求将持续增大。最后，从资源条件看，我国适宜发展综合种养的水网稻田和冬闲稻田面积据估算有600万公顷以上，具有极大的发展潜力。因此可以预见，稻渔综合种养将进入快速规范发展和大有可为的新阶段。

为推动全国稻渔综合种养规范健康发展，推动2018年1月1日正式实施的水产行业标准《稻渔综合种养技术规范　通则》的宣贯落实，全国水产技术推广总站与中国农业出版社共同策划，组织专家编写了这套《稻渔综合种养新模式新技术系列丛书》。丛书以“稳粮、促渔、增效、安全、生态、可持续”为基本理念，以稻渔综合种养产业化配套关键技术和典型模式为重点，力争全面总结近年来稻田综合种养技术集成与示范推广成果，通过理论介绍、数据分析、良法推荐、案例展示等多种方式，全面展示稻田综合种养新模式和新技术。

这套丛书具有以下几个特点：①**作者权威，指导性强**。从全国遴选了稻渔综合种养技术推广领域的资深专家主笔，指导性、示范性强。②**兼顾差异，适用面广**。丛书在介绍共性知识之外，精选了全国各地的技术模式案例，可满足不同地区的差异化需求。③**图文并茂，实用性强**。丛书编写辅以大量原创图片，以便于读者的阅读和吸收，真正做到让渔农民“看得懂、用得上”。相信这套丛书的出版，将为稻渔综合种养实现“稳粮增收、渔稻互促、绿色生态”的发展目标，并作为产业精准扶贫的有效手段，为我国脱贫攻坚事业做出应有贡献。

这套丛书的出版，可供从事稻田综合种养的技术人员、管理人员、种养户及新型经营主体等参考借鉴。衷心祝贺丛书的顺利出版！

中国科学院院士 [signature]

2018年4月

前 言

稻鱼综合种养具有“不与人争粮，不与粮争地”的特点，“一水两用，一田双收”的优势能有效促进粮食生产、促进农渔民增收，同时具有很高的生态效益，是一项农民增收的“短、平、快”项目，也是渔业开展精准扶贫的有效途径。

哈尼梯田是哈尼族人民充分利用特殊地理气候环境创造的农耕文明奇观，历史悠久。2013 年 6 月，哈尼梯田成功申报世界文化遗产。但哈尼梯田单纯种水稻效益低，农民增收难，大量劳动力外出打工，长此以往，将影响粮食生产安全和梯田的养护及千年梯田农耕文化的传承。稻鱼综合种养模式以其兼顾经济效益和生态效益的优势，成为解决这一问题的有效途径。

为了贯彻生态文明建设，践行“青山绿水就是金山银山”的发展理念并做好精准扶贫工作，充分发挥以哈尼梯田为代表的山区或半山区稻田自然资源优势，特组织一线技术专家编写本书。本书主要介绍我国云南、贵州、四川、重庆、广西、福建、浙江等地的山区或半山区稻鱼综合种养技术模式与案例，尤以云南哈尼梯田的稻田养殖模式与案例为代表。期望本书能为山区或半山区开展稻鱼综合种养提供技术支持，推动当地实现精准扶贫、保障粮食安全、传承农耕文化。

本书可供在梯田（特别是冬季蓄水的梯田）开展稻鱼综合种养的养殖户及水产科技工作者阅读参考，如有不当之处，恳请读者指正为感！

编　者

2018年7月

目 录

第一章 稻鱼综合种养概述

第一节 稻鱼综合种养的概念及特征

稻鱼综合种养具有“一水两用，一田多收”“不与人争粮，不与粮争地”的优势，能有效促进粮食生产，极大地促进农渔民增收，同时具有显著的生态效益，是产业扶贫的有效手段，是渔业转方式、调结构的重要抓手，受到了政府、科研院校、企业等各界的高度重视，成为我国渔业发展的一个新亮点和热点。当前，稻鱼综合种养在我国各地呈现蓬勃发展的态势。

本书所述的稻鱼综合种养（山区型）主要指我国以云南、贵州、四川、重庆、广西、福建、浙江等地为代表的山区或半山区稻田养殖模式（彩图 1 和彩图 2）。

一、稻鱼综合种养概念

稻鱼综合种养通常是指根据生态循环农业和生态经济学原理，将水稻种植与水产养殖技术、农机与农艺有机结合，通过对稻田实施工程化改造，构建稻鱼共生互促系统，并通过规模化开发、集约化经营、标准化生产、品牌化运作，能在水稻稳产的前提下，大幅度提高稻田经济效益和农民收入，提升稻田产品质量安全水平，改善稻田生态环境。稻鱼综合种养是一种具有稳粮、促渔、增效、提质、生态等多方面功能的现代生态循环农业模式。

二、稻鱼综合种养与传统稻田养殖的区别

稻鱼综合种养是在传统稻田养殖基础上升级发展而来的一种现代农业新模式，虽然传统稻田养殖和稻鱼综合种养依据的生态学原理都是物种之间的共生性，但是产生的背景、追求的目标和意义是不同的（表 1-1）。

表 1-1　稻鱼综合种养与稻田养殖的差别

项　　目		传统稻田养殖	稻鱼综合种养
发展背景	发展模式	粗放的小农模式	产业化发展模式
	发展目标	生产水产品、增收	稳粮、促渔、增收、提质、生态、可持续
	发展条件	稻田流转难	稻田流转政策明确、步伐加快
	应用主体	普通农户为主	种养大户、合作组织、龙头企业为主
技术内容	配套田间工程	大多没有配套田间工程；鱼溜、鱼沟面积无限制	大多有配套田间工程；鱼溜、鱼沟面积限定在10%以下
	水稻品种	常规种植品种	按综合种养要求筛选出来的品种
	水稻栽插方式	常规种植	宽窄行，沟边加密，穴数不减
	水产养殖	常规养殖	水产健康养殖
技术内容	种养茬口衔接	简单	融合种植、养殖、农机、农艺的多方要求
	稻田施肥	以化肥为主	有机肥为主，水产生物粪便作追肥
	病虫害防治	以农药为主	生态控虫、一般不用农药
	产品质量控制	无规定	生产过程监控、标准化管理
	产品加工	简单	精深加工

（续）

项目		传统稻田养殖	稻鱼综合种养
主要性能	水稻单产	无规定	不低于400千克，山区不低于当地单产平均水平
	产品质量	常规	无公害绿色食品或有机食品
	农药使用	与水稻常规种植无差别	减少50%以上
	化肥使用	与水稻常规种植无差别	减少60%以上
	单位面积效益	低	增收100%以上
经营方式	生产规模	较小	集中连片、规模化开发
	经营体制	农户自营为主	合作经营、“种、养、加、销”一体化、品牌化
	服务保障	较少	社会化服务体系为保障

注：参考朱泽闻等（2016）总结归纳。

（一）产生的背景不同

1. 稻田养鱼产生的背景

我国稻田养鱼历史非常悠久，但在全国范围内得到重视和大面积推广，是在20世纪80年代初“吃鱼难”的年代。那个时代提倡稻田养鱼，目的主要是充分利用稻田水域资源生产出尽可能多的水产品，以弥补当时水产品供给的巨大缺口。稻田养鱼虽然也讲求稻和鱼之间的共生关系，但当时的稻田养鱼没有把减少农药化肥使用、提高食品安全放在很高的地位，客观上也要求使用低毒农药，但主要是为了减少农药对鱼类的危害，以求水稻与鱼的共存。

2. 稻鱼综合种养产生的背景

稻鱼综合种养是在当前水产品等农产品供应十分充足，但消费者可能面临因农药和化肥大量使用而出现的产品质量低下、食品安全隐患大，市场期待更多优质大米和水产品的背景下产生的。稻鱼综合种养的主要目的是通过在稻田中引入水产养殖，利用水生动物与水稻的共生关系，极大地降低农药和化肥的使用量，从而在根本上提高农产品品质，提升食品安全和农业综合效益，水产品产量已不是其主要目的。

（二）追求的目标不同

1. 稻田养鱼的目标

稻田养鱼只是一种水产品生产方式，其主要目标在于“养殖”，在于利用稻田水域生产水产品。

2. 稻鱼综合种养的目标

稻鱼综合种养是利用水生动物与水稻的共生关系，减少农药和化肥使用，从根本上提高稻谷和水产品品质，提升食品安全和农业综合效益，其主要目标是提质增效、稳粮增效。

（三）效果和意义不同

1. 稻田养鱼的效果和意义

传统稻田养殖主要是解决“吃鱼难”问题，显然稻田并非是理想的水产养殖场所，因此尽管大力推广，但仅缓解了当时部分地区“吃鱼难”的问题，终究没有取得长足发展。

2. 稻鱼综合种养的意义

一是可减少农业面源污染和保障农产品食品安全。目前，农业面源污染主要是大量使用农药和化肥的结果，面源污染的控制缺乏有效手段，通过稻鱼共生技术措施，从源头上减少污染问题，有效降低农产品农药残留，对我国环境保护和食品安全意义重大。二是稻鱼综合种养有利于提高农业综合效益和促进农民增收，从而也能极大地减少农田抛荒现象，保障国家粮食安全。

第二节　我国稻鱼综合种养的发展历史

稻鱼综合种养是在传统稻田养殖基础上发展而来的一种现代农业新模式，在此先回顾一下我国稻田养鱼的历史。

一、稻田养鱼的历史

稻田养鱼在我国具有悠久的历史。据史料记载，我国是世界上稻田养鱼最早的国家，远在三国时代，《魏武四时食制》即有记载："郫县子鱼黄鳞赤尾，出稻田，可以为酱。"公元890—904年，《岭表录异》则对稻田养鱼有了更详细的记载："新泷等州，山田栋荒，平处以锄锹，可为町疃，伺春雨，丘中贮水，即先买鲩鱼子散水田中，一二年后，鱼儿长大，食草根并尽，既为熟田又收鱼利，乃种稻，且无稗草，乃齐民之术也。"该记载阐明了养草鱼具有除草、熟田的好处，其中所述新泷等州，即现今广东西江下游的新兴县和罗定县一带。文献记载表明我国的稻田养鱼至少已有1 700年的历史。

从稻田养鱼分布的地区来看，四川、广东、湖南等地发展较早、较普遍，后又逐步向广西、福建、湖北、贵州、江苏、安徽、云南等地发展。其中，著名的稻田养鱼区有浙江的青田、永嘉、仙居，福建的建宁、泰宁、沙县、永安、邵武，广西的玉林、桂林、全州，贵州的黔东和黔南一带，以及江西的萍乡、吉安、宜春等地。近年来，云南的稻田养鱼也有了较大发展。

稻田养鱼最先是在山区发展起来的，特别是在我国东南和西南的山区较为普遍，主要原因是山区天然水面少，交通不便，不易吃到鲜鱼，因而利用稻田进行养鱼来解决。之后，由于稻田养鱼有明显的经济效益，就逐步向平原地区甚至水乡地区发展，特别是一些江河平原区。这些地区由于可以从天然水域捞取鱼苗或家鱼人工繁殖普遍发展，稻田养鱼有更广泛的物质基础。

我国的稻田养鱼在全国范围内的大发展，是从1954年第四届全国水产工作会议正式提出在全国开展稻田养鱼工作开始的。1959年全国稻田养鱼面积超过66.67万公顷。由于受主观认识（以粮为纲）和客观条件（鱼苗缺乏）及技术水平的限制，当时稻田养鱼一般均采用粗养，未实施稻田鱼沟、鱼凼建设以及投饵等必要技术措施，养殖产量很低，每667米^{2}产鱼仅几千克到十几千克不等。到20世纪60年代后，由于各种农药和化肥的大量使用，我国的稻田养鱼又经历了从发展到停滞的过程。直到20世纪70年代以前，稻田养鱼在养殖面积、应用范围、技术方法等方面均未能取得大的发展。

20 世纪 70 年代末以来，也就是改革开放后，我国水产养殖业进入持续高速发展的阶段。一方面家鱼人工繁殖技术的普及使得鱼苗批量生产，水产养殖有了苗种保障；另一方面，交通发展以及鱼苗充氧、充气运输技术的采用，使鱼苗能长距离运输，国内大多数地区获得批量的鱼苗不再困难。此外，稻作技术的改良和低毒农药的出现，改善了稻田生态环境条件；市场对水产品的需求也逐渐增大。这些因素促进了水产养殖业的全面兴起，稻田养鱼也进入新的发展时期。1983 年 8 月，农牧渔业部在四川成都召开了全国第一次稻田养鱼经验交流现场会。此后，稻田养鱼在全国范围内得到了重视，被大面积推广。1984 年国家把稻田养鱼列入新技术开发项目，在湖南、湖北、广东、四川、贵州、云南等 18 个省（自治区、直辖市）推广应用，取得了良好的经济效益。1986 年，全国稻田养鱼面积约 80 万公顷，平均稻谷增产 5%～10%，每公顷稻田产鱼 125.1 千克，总产量 10 万吨。同年，稻田养鱼项目获农牧渔业部科技进步一等奖，标志着稻田养鱼效果被充分肯定，稻田养鱼技术趋于成熟。1990 年 10 月，农业部在重庆召开了全国第二次稻田养鱼经验交流会，总结了 1983 年全国第一次稻田养鱼经验交流现场会以来取得的成绩、经验和存在的不足，明确了下一阶段稻田养鱼工作的指导思想和工作目标。1994 年 9 月，全国稻田养鱼（蟹）现场经验交流会在辽宁盘锦召开，来自全国 24 个省（自治区、直辖市）的水产部门和 9 个省的农业部门及 7 个新闻单位共 130 多名代表参加会议。1996 年 4 月，农业部在江苏徐州再次召开了全国稻田养鱼（蟹）的经验交流会。此次会议在总结近 6 年来全国稻田养鱼（蟹）的新经验、新情况的基础上，研究确定了“九五”期间稻田养鱼的发展规划和具体措施。会议强调“九五”期间的工作重点是：因地制宜制定切实可行的长远规划和年度计划；加大宣传力度，争取更多支持；进一步抓好基地建设；积极做好组织协调和配套服务工作。2000 年 8 月，全国稻田养鱼现场经验交流会在四川南充召开，全国稻田养鱼面积已发展到 200 万公顷，产量 90 万吨，各省、直辖市、自治区都掀起了前所未有的稻田养鱼潮，如重庆稻田养殖名优鱼类，江苏稻田养殖青虾，上海稻田养殖罗氏沼虾以及辽宁稻田养殖河蟹等。

多年以来，我国水产科技工作者从不同角度对稻田养鱼进行了大量的科学研究和试验示范。稻鱼共生互利作用的阐明，为稻田养鱼工作的开展提供了科学依据和指导，为推动稻田养鱼发展做出了积极贡献。在世界范围内，我国在稻田养鱼理论和技术研究方面最为广泛和深入。

就稻田养鱼生产技术而言，我国在以下方面取得了较大的发展：

第一，稻田养殖品种向多样化、优质化方向发展。长期以来，稻田养殖品种主要局限于草鱼、鲤、鲫、罗非鱼、鲢、鳙等10余个种类。随着水产品总量的迅速增加，饲料等渔业生产资料价格不断上涨，而水产品市场售价趋于稳定或稳中有降，常规鱼类养殖效益在部分地区受到较大影响。为进一步提高稻田养殖效益，促进稻田养殖的稳步发展，各地在稻田养殖品种结构调整方面进行了积极的探索。稻田除养殖革胡子鲇、团头鲂、黄鳝、泥鳅等鱼类外，还养殖河蟹、罗氏沼虾、青虾、南美白对虾、牛蛙、美蛙等水生甲壳类和两栖类经济动物。调整养殖品种结构，有利于改善稻田水体环境和充分利用天然饵料生物，显著提高稻田的综合效益。

第二，稻田养鱼技术水平不断提高，精养成为主要的养殖方式。传统的稻田养鱼，一般不进行挖沟、塘等工程，鱼产量低。随着稻田养鱼技术日趋完善，从水源条件、稻田工程建设到投饵等日常饲养管理，都有较为明确的技术指标和有效的实施手段，技术水平的提高和管理手段的加强推动了稻田养鱼的发展。

第三，稻田养鱼生产模式不断创新，稻田综合利用程度有所提高。传统稻田养殖主要是稻鱼兼作，即种稻和养鱼在同一田块中同期进行。20世纪60年代以来，随着水稻栽培技术的改进，化肥和农药的大量使用以及浅灌、晒田等稻作措施的采用，稻田的渔业环境条件趋于恶化。为此，除采取开挖鱼沟、鱼凼，提倡安全用药、合理施肥等措施确保稻鱼兼作实施外，稻鱼轮作（种稻与养鱼在同一田块中轮流进行）、连作（兼作与轮作组合）等方式应运而生。除稻作期间外，稻田的冬闲期利用受到重视，冬闲田、囤水田养鱼得以广泛开展。在稻田的综合利用方面，以稻田养鱼（虾、蟹）为基础出现了诸多新的种养组合，如稻鱼萍、稻鱼笋、稻鱼鸭、稻鱼菇、稻鱼菜等，其基本特点是两种植物（动物）与一种动物（植物）在稻田中或以稻田为中心的小区域内混作，为提高稻田及小区域的综合产出能力提供了选择。

第四，稻田养鱼向区域化、专业化方向发展。受稻田经营权限的制约，目前，大多数地区稻田养鱼多以一家一户实施为主，随着农业生产专业大户的出现，农村劳动力转移和社会分工将进一步加快，稻田养鱼也开始打破现有格局，向专业化管理、集约化经营发展。为推广农业产业化的进程，各地在开展稻田养鱼工作时已开始采取“集中资金、统一规划、统一建设、成片开发”的方法，使稻田养鱼由个体、分散、小面积的实施向区域化、专业化方向发展。当前，连片规模化的稻田养鱼基地在各地涌现，这也是稻田养鱼的发展方向。

综上所述，我国稻田养鱼经历了发展、衰落、恢复、发展的坎坷历程。特别是20世纪80年代后，随着稻鱼共生互利理论的提出和水产部门的积极倡导，全国各地开展了多种形式的稻田养鱼，呈现蓬勃发展的趋势。20世纪90年代末到21世纪初，我国的稻田养鱼，无论是养殖面积还是产量都徘徊不前，甚至有逐年下降的趋势。究其主要原因，一是传统的稻田养鱼是小农经济，不符合现代化生态农业发展的需要；二是传统的稻田养鱼主要是养殖鲤科鱼类，价值低、产量低，仅能自给自足。

二、新一轮稻鱼综合种养

自2007年起，随着我国农村土地流转政策不断明确，农业产业化步伐加快，稻田规模经营成为可能，稻田综合种养的稳粮增效功能再次得到了各地重视。在总结以往稻田养殖经验的基础上，探索了稻鱼综合种养模式，涌现出一大批以水稻种植为中心、特种水产品养殖为带动，以标准化生产、规模化开发、产业化经营为特征的连片稻鱼综合种养典型，取得了显著的经济、社会和生态效益，得到了各地政府的高度重视和农民的积极响应。目前，稻鱼综合种养正逐步成为具有“稳粮、促渔、增效、提质、生态”等多方面功能的现代农业发展新模式，掀起了新一轮发展热潮。

2016 年全国稻田养鱼 151.60 万公顷，水产品产量 163 万吨，平均产量 1.08 吨/公顷。

新型稻鱼综合种养发展趋势体现在以下几个方面。①规模化。土地流转、合作社，独立法人公司。②特种化。从最初的稻鱼共作发展到现在不仅养鱼，而且增添了其他水生经济动物种类，如虾、蟹、鳖、蛙等，在水产养殖品种中注重名优品种的选择。③品牌化。减药减肥，无污染。新型种养模式注重水产品饲料投喂和营养调控，保障了水产品产量和质量提升。稻米评比就是品牌化引领的一种运作形式。④产业化。三产融合，实现生产销售旅游餐饮服务等一体化。

新型稻鱼综合种养是以水稻稳产增产为中心，以经济水产品种为主导，以标准化生产、规模化开发、产业化经营、品牌化运作为特征，具有稳粮、促渔、增效、提质、生态等多方面功能的现代生态循环农业发展新模式，实现了“一水两用，一地多收”。

第三节　稻鱼综合种养的发展潜力

一、我国水稻种植情况

水稻是世界三大主要粮食作物之一，也是我国最重要的粮食作物，全国水稻种植面积约 3 000 万公顷，年产量近 2 亿吨，位居世界第一。水稻在我国粮食生产和消费中历来处于主导地位，约占我国粮食总产量的35%,是我国65%以上人口的主食,是国家粮食安全的基石。

根据《中国农业年鉴2016》的数据，2015年度全国谷物播种面积为3021.57万公顷，全国各省（直辖市、自治区）谷物播种面积如表1-2。

表1-2　2015年度全国各省（直辖市、自治区）水稻播种面积情况

序号	地区	水稻播种面积（万公顷）	序号	地区	水稻播种面积（万公顷）
1	湖南	411.41	17	辽宁	54.49
2	江西	334.24	18	海南	29.93
3	黑龙江	314.78	19	陕西	12.28
4	江苏	229.16	20	山东	11.63
5	安徽	223.49	21	上海	9.78
6	湖北	218.85	22	河北	8.48
7	四川	199.08	23	内蒙古	7.89
8	广西	198.39	24	宁夏	7.43
9	广东	188.73	25	新疆	6.62
10	云南	113.48	26	天津	1.54
11	浙江	82.25	27	甘肃	0.45
12	福建	78.90	28	西藏	0.09
13	吉林	76.16	29	山西	0.07
14	重庆	68.83	30	北京	0.02
15	贵州	67.51	31	青海	—
16	河南	65.60	全国总计		3021.57

注：数据来源于《中国农业年鉴2016》。

二、我国各省（直辖市、自治区）稻鱼综合种养情况

2016年我国稻田养鱼面积151.6公顷，总产量163万吨，平均产量1.08吨/公顷，2016年度全国稻鱼综合种养主要省（直辖市、自治区）情况如表1-3。

表 1-3　2016 年度稻鱼综合种养主要省（直辖市、自治区）情况

序号	地区	稻鱼综合种养面积（公顷）	水产品产量（吨）	序号	地区	稻鱼综合种养面积（公顷）	水产品产量（吨）
1	四川	308 529	350 853	11	广西	46 344	18 329
2	湖北	253 867	289 592	12	重庆	34 271	8 249
3	湖南	181 931	98 209	13	黑龙江	23 593	4 658
4	贵州	125 550	37 494	14	福建	18 685	16 182
5	云南	112 554	42 739	15	吉林	12 564	2 411
6	江苏	110 758	189 658	16	内蒙古	4 185	494
7	浙江	77 123	343 931	17	广东	3 468	798
8	安徽	64 661	100 273	18	陕西	3 155	160
9	江西	63 586	68 402	19	宁夏	2 890	371
10	辽宁	60 588	53 129	20	天津	2 783	446

注：数据来源于《中国渔业统计年鉴 2017》。

从表 1-3 数据来看，目前全国开展稻鱼综合种养的面积占水稻种植面积还不到 5%。据专家估算，我国适合稻鱼综合种养面积约占现有稻田面积的 15%左右，约 450 万公顷，开展稻鱼综合种养每年可稳定生产 3 375 万吨水稻，按每 667 米^2 增加 1 000 元收益估算，每年可为农渔民增收 675 亿元。因此，发展稻鱼综合种养的空间潜力是巨大的。

第四节　发展稻鱼综合种养的原则

稻鱼综合种养具有促进粮食生产和农（渔）民增收的重要途径之一，同时具有巨大的生态效益，是渔业产业扶贫的有效手段，是农（渔）业转方式调结构的重要抓手，值得大力发展。但从近几十年来全国稻鱼综合种养发展历程来看，20 世纪 90 年代稻鱼综合种养发展一度减缓、甚至停滞倒退，主要原因是发展方向与国家政策要

求出现了偏差。因此，正确把握稻鱼综合种养的发展原则事关其持续健康发展。

一、坚持稳粮为主

稻鱼综合种养是稳定粮食生产的新抓手，稳定粮食的核心是稳住粮食面积，保住粮食面积的关键在于提高粮食种植效益，只有稳定提高粮食综合效益，才能有效调动农民积极性，确保粮食生产稳定发展。所以，要始终坚持“以渔促稻”发展方针，开展稻鱼综合种养后水稻产量基本不减少、水稻产量不低于当地平均单产。稻鱼工程不得破坏稻田的耕作层，鱼沟、鱼凼的面积不超过稻田面积的10%，技术上要有稳定水稻产量的具体措施，并杜绝“挖田改塘”。

二、坚持生态优先

稻鱼综合种养模式融种稻、水产养殖、蓄水和培肥地力为一体，通过水稻栽培与水产养殖技术的对接与集成，实现“一水两用、一田多收”，不仅能够大幅减少农药化肥的使用，控制农业面源污染，实现农业绿色化生产，还能有效提高农田利用率，提升农田综合效益。“减肥、减药、减排”和生态环保是稻鱼综合种养提质增效的前提，要将稻田生态保护、质量安全保障与绿色有机品牌建设相结合，使“减肥、减药、减排”和生态环保成为生产者的自觉行为。另外，要严格限制稻田中渔药的使用，不能减少了农药又增加了渔药，产生新的质量安全或生态问题。生态优先是保障稻鱼综合种养模式所生产的大米和水产品品质最重要的原则之一。

三、坚持因地制宜

稻鱼综合种养要根据当地自然资源和市场消费习惯，因地制宜并有规划地发展。第一，开展稻鱼综合种养模式应在水源充足、进排方便、周边无污染、交通便利的水稻种植地区开展；第二，发展稻鱼综合种养要优先利用冷浸田、中低产田、低洼田块等，原则上尽量少占用土壤肥力好的田块；第三，选择水产养殖品种时，既要考虑适宜当地气候条件，又要考虑符合当地消费习惯的种类。山区稻田养殖的水产品还是要以当地鲜食消费为主，选择养殖品种时必须以市场需求为导向，不能看到一时一地效益好，就组织农民一哄而上，盲目扩大养殖规模。一旦发展过多，超过市场消费能力，就容易出现供大于求的现象，导致稻田养殖的水产品卖不出预期价格，达不到预期效益，造成农民损失，反而影响稻鱼综合种养的推进和发展。

四、坚持产业化发展

稻鱼综合种养与原来的稻田养鱼最大区别之一就是走产业化发展道路，产业化是提升稻田综合效益的必要途径。推广发展稻鱼综合种养要突出产业化、规模化、标准化，倡导由企业或农民专业合作社来组织形成“种、养、加、销”一体化现代经营模式，并积极推动稻鱼综合种养与旅游、休闲有机结合，不断延长产业链，提升价值链。

第二章 养殖对象选择

第一节 养殖对象选择要求

一、养殖对象应具备的特性

适宜在稻田中养殖的种类，一般应具有下列特性：

第一，能适应稻田浅水环境，在水温、溶解氧变幅较大的条件下生长良好；

第二，能有效利用稻田中天然饵料生物，其食性为杂食性或草食性；

第三，苗种来源方便，即能通过人工繁育而大批量获得；

第四，性格温和，不易逃逸，抗病力强，养殖成活率较高；

第五，具有较高的市场需求，养殖效益好。

根据上述对稻田养殖种类的要求，鲤是较好的养殖选择对象，这也是我国稻田养殖鲤历史最长的原因。其次，鲫、草鱼基本符合上述条件。罗非鱼由于其生长快、食性广、抗病强、繁殖力强等特点，在南方稻田养殖较为普遍。随着稻田养殖技术的不断突破创新和发展完善，越来越多的水生动物成为稻田养殖品种，这也成为稻鱼综合种养发展新的趋势。

二、常见的山区型稻田养殖水生动物

山区型稻田养殖与平原型稻田养殖在选择水生动物时有所不

同。山区型稻田大多为梯田，养殖动物必须不影响稻田蓄水和田埂安全。通常山区稻田不适宜养殖小龙虾和河蟹等会挖掘洞穴的水生动物，可选择以下几类水生动物作为养殖对象。

①鱼类：鲤、鲫、罗非鱼、草鱼、黄鳝、泥鳅、胡子鲇等。

②虾类：适合山区型稻田养殖的虾类主要是青虾。

③蛙类：牛蛙、美国青蛙等。

我国地域广阔，可供选择的鱼类品种较多，随着市场对水产品多样化需求的不断增强，稻田养殖中也出现了许多新的品种。尽管如此，作为山区型稻田主要养殖对象，目前仍以鲤和鲫及其人工培育的新品种（如福瑞鲤、松浦镜鲤、异育银鲫等）为主。

第二节　适宜稻田养殖的常规品种

一、鲤

鲤（*Cyprinus carpio*），俗称鲤拐子、鲤子，分类上属鲤形目鲤科鲤属。鲤是我国人工养殖历史最久远、地理分布最广泛的养殖鱼类之一，也是我国人民最喜爱的食用鱼类之一。鲤是世界性的养殖鱼类。鲤由于地理上分布不同，而产生了类群差别。这些不同类群，即鲤的亚种，是经过长期的人工和自然选择所形成的。常见的有以下几种：产于广东和江西的团鲤（塘鲤、荷包鲤）；产于云南的元江鲤（红尾鲤）、大头鲤；产于河南的黄河鲤；产于湖南的呆鲤；产于辽宁的淞花湖鲤；从国外引进的鳞鲤和镜鲤等。20 世纪 80 年代以来，为了适应生产需要，改善和提高鲤自然品种的经济性能，水产工作者对鲤开展了大量的品种改良工作，通过种间杂交，先后培育出一大批生长快、肉质好、体型合理的杂交鲤。

（一）生物学特性

1. 形态特征

体侧扁，纺锤形，腹部圆，无棱。口端位，呈马蹄形。须 2 对。下咽齿 3 行。背鳍Ⅲ（Ⅳ），15～22；臀鳍Ⅲ，5；背、臀鳍的第三硬棘坚硬，后缘呈锯齿形。鳞大，侧线鳞33～39，侧线完全。体背青灰色，两侧带金黄色，腹部灰白色，尾鳍下叶橘红色，除背鳍深灰色外，其余各鳍呈橘黄色（图2-1）。

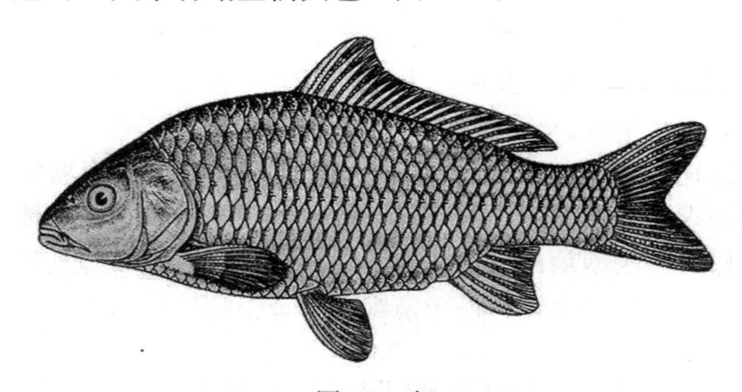

图2-1 鲤
（仿自《中国动物志·鲤形目》）

2. 生活习性

典型的底栖性鱼类，一般喜欢在水体下层活动，很少到水面。它对外界环境适应性较强，可以生活在各种水体中，但比较喜欢栖息在水草丛生的浅水处。春季繁殖后大量摄食育肥，冬季在深水处或水草多的地方越冬。鲤善于用能伸缩的吻掘动泥土摄取各种食物，因此易使软泥质的田底和田埂形成许多洞穴，并使水体经常浑浊。鲤对环境的适应能力很强。溶解氧0.5毫克/升时不会窒息，在江河、水库、池塘、稻田、沟渠等水体中均能生存和繁殖。

3. 食性

鲤属杂食偏动物食性，食性广。体长1.5厘米的幼鲤，食物以轮虫和小型枝角类为主；3厘米以上的幼鱼，食物主要是枝角类、桡足类、摇蚊幼虫和其他水生昆虫幼虫；10厘米以上的鱼种，开始摄食水生高等植物碎片、螺、蚬等，也食各种藻类和有机碎屑。鲤在人工养殖条件下，也喜食各种粮食饲料和商品饲料。

4. 生长

鲤生长较快。水温15～30℃范围内能良好生长，体长增长在

1～2 龄时最快，体重增长则以 4～5 龄最快，雌性生长比雄性快一些。不同水体的鲤生长速度差异很大。在人工养殖条件下，一般 1 龄体重可达 0.5～0.75 千克，2 龄体重可达 1.0～1.5 千克，3 龄以后生长速度降低。

5. 繁殖特性

鲤产黏性卵，不仅可在江河中产卵，而且也能在湖泊、水库、池塘等静水中产卵。这也是鲤分布广的重要原因。性成熟年龄随栖息水域纬度不同而有所差异：长江流域的鲤 2 龄的雌、雄鱼全部成熟，1 龄的雄鱼大部分成熟；珠江流域的鲤常 1 龄即成熟，成熟亲鱼规格较小。产卵季节因地而异，南方早、北方晚。产卵最低水温为 14℃，最适水温 18～22℃。鲤喜欢在江河、湖泊、水库的沿岸浅水多水草的地段产卵。绝对怀卵量和相对怀卵量随鱼体增大而增加，从几万粒到数十万粒不等。受精卵黏附在水草上发育，在水温 20～25℃时，胚胎期为 53 小时左右。

6. 养殖特点

鲤由于食性杂，适应性强，能在静水中自然繁殖，苗种容易获得，故鲤在我国的淡水养殖中占有十分重要的地位。稻田养殖中，鲤是首选品种，既可作为主养对象，也可作为搭养鱼类。鱼种培育每公顷放养全长 3 厘米以上的“夏花”鱼种 3 000～4 000 尾，可收获全长 10 厘米以上鱼种 2 000～3 000 尾；成鱼养殖中每公顷放入 10 厘米以上规格的鱼种 1 500～2 250 尾，可产出尾重大于 0.5 千克的成鱼 1 200 尾以上。

（二）主要鲤新品种

鲤是我国淡水养殖中历史最久远、范围最广泛的品种，鲤属鱼类种类较多，近几十年来，我国水产科技工作者通过杂交及生物工程措施，选育出来许多杂交鲤新品种，下面介绍目前我国主要养殖的鲤品种。

1. 福瑞鲤

福瑞鲤是中国水产科学研究院淡水渔业研究中心用建鲤和野生黄河鲤为亲本，经选育而成的鲤新品种（图 2-2），2011 年 4 月通过全国水产原种和良种审定委员会审定，获得了水产新品种证书（品种登记号：GS-01-003-2010）。

图 2-2　福瑞鲤
（引自董在杰）

福瑞鲤后代的体形更为优美，生长也更为迅速，近年来的养殖生产实践证明，福瑞鲤养殖技术与其他普通鲤一样，但生长速度比普通鲤快 20%以上，比建鲤提高 13.4%。该品种具有生长速度快、体型好、饲料系数低、成活率高、耐低氧、温度适应性强等特点。在目前普通鲤品种退化、饵料系数高、发病率高以及鲤售价持续走低的情况下，积极选用优良鲤品种，对于增加水产养殖综合效益具有重要作用（彩图 3）。

2. 松浦镜鲤

松浦镜鲤是中国水产科学研究院黑龙江水产科学研究所培育的鲤新品种（图 2-3）。2009 年 1 月 6 日通过了全国水产原种和良种审定委员会审定（品种登记号：GS-01-001-2008）。

图 2-3　松浦镜鲤
（引自石连玉）

松浦镜鲤主要特点包括以下几个方面。①体型好。体长为336.50±22.40毫米的松浦镜鲤，体长/体高为2.44±0.15，头长/眼间距为2.24±0.08，明显小于德国镜鲤选育系（F4），而体长/头长为3.86±0.20，头长/吻长为2.99±0.23，明显大于德国镜鲤选育系（F4），表明松浦镜鲤背部增高，头部变小，即肌体部分增加了，可食部分增加了。②鳞片少。群体无鳞率可达66.67%，左侧线鳞为0.28±0.61片，右侧线鳞为0.16±0.47片，明显少于德国镜鲤选育系（F4）。③生长快。2005—2007年期间，在相同条件下与德国镜鲤选育系（F4）进行了对比试验，松浦镜鲤1龄鱼放养密度为0.4万尾/亩，绝对体重增重率为2.14克/天，瞬时体重增长率为4.56%/天，相对体重增长率为111.14%，养殖期间个体平均净增重达21.53克；分别比德国镜鲤选育系（F4）快34.31%、6.30%、31.91%、34.70%。④繁殖力高。3龄和4龄鱼的平均绝对怀卵量为（3.42±0.26）$\times 10^5$和（6.25±0.62）$\times 10^5$粒，分别比德国镜鲤选育系（F4）提高了86.89%和142.24%；平均相对怀卵量为152.14±11.79粒/克和201.38±12.09粒/克，分别比德国镜鲤选育系（F4）提高了56.17%和88.17%。⑤适应性较强。1龄和2龄鱼的平均饲养成活率为96.95%和96.44%，分别比德国镜鲤选育系（F4）提高了13.66%和6.48%；平均越冬成活率为95.85%和98.84%，分别比德国镜鲤选育系（F4）提高了8.86%和3.36%。

松浦镜鲤与常规养殖的鲤品种相比，具有适应性强、进食时间短、生长速度快、抗病力强、饵料系数低等优点。养殖经济效益比养殖普通鲤高30%左右。

二、鲫

鲫（*Carassius auratus* Linnaeus），属鲤形目鲤科鲤亚科鲫属，在我国广泛分布于除青藏高原以外的江河、湖泊、池塘、水库、稻田和水渠中。鲫适应能力强。生活在不同水域的鲫，性状有一定的变异和分化，加上人工培养和选育的结果，鲫品种较多。常见的鲫品种有方正银鲫、彭泽鲫、异育银鲫、高背鲫、湘云鲫等。此外，金鱼是由野生鲫经过人工培养和选择出来的观赏鱼。

（一）生物学特性

1. 形态特征

体侧扁，宽而高，腹部圆，腹鳍至肛门之间较窄。头小，吻钝。口端位，呈弧形，无须，眼大。下咽齿1行，侧扁，倾斜面有一沟纹。鳃耙37～54，细长呈披针形。鳞大，侧线鳞27～30。背鳍Ⅳ，15～19。其起点在吻端至尾鳍基部的中间，臀鳍Ⅲ，5。背鳍、臀鳍都具有棘，其后缘呈锯齿形。鳔2室。体为银灰色，背部较深呈灰黑色，各鳍均为灰色（图2-4）。

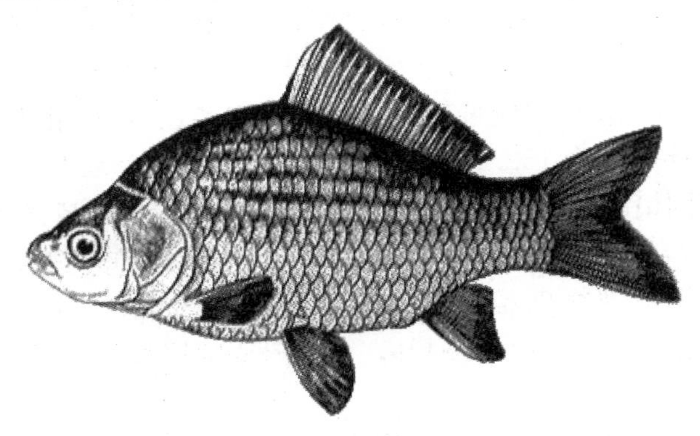

图2-4　鲫

（仿自《中国动物志·鲤形目》）

2. 生活习性

鲫是典型的底栖性鱼类，一般喜欢在水体下层活动，很少到水面。它们对外界环境适应性较强，可以生活在各种水体中，但比较喜欢栖息在水草丛生的浅水处。鲫也是广温性鱼类，水温在10～32℃都能摄食；在较强碱性（pH达到9）的水中也能生长繁殖；能在水中含氧量较低的情况下长期生活，能经受溶解氧量低至0.1毫克/升的水体。所以鲫分布的地区非常广泛，自亚寒带至亚热带均有分布。

3. 食性

鲫是典型的杂食性鱼类，食物组成主要有腐屑碎片、硅藻、水绵、水草和植物种子，也吃一定数量的螺类、摇蚊幼虫、水蚯蚓等底栖动物及枝角类、桡足类等浮游动物，摄食方式是吞食。在人工养殖条件下，投喂的动植物饲料，如饼渣、糠、麸、蚕蛹等，鲫也都喜食。

4. 生长

鲫是一种中小型鱼类，生长较慢，在长江中下游地区的鲫，常见的在250克左右，大的可超过1 000克。一般1龄体重不到50克，2龄体重约100克，3龄体重约200克，4龄体重约250克。

鲫的体型可分低背型和高背型两种，低背型的体高为体长的40%以下；高背型的体高为体长的40%以上，高的可达46%。高背型鲫的生长比低背型的快。目前主要的养殖品种有彭泽鲫、异育银鲫。

5. 繁殖特性

鲫的性别问题相当复杂。有雌雄同体现象的报告，有雌核发育的报告，在自然界雌性比雄性多。性成熟年龄随生长地区的不同而有差异。在南方地区1冬龄鱼达性成熟；北方地区的性成熟年龄则一般为2冬龄。雌鱼的怀卵量随个体的大小不等而不同，常为1万～10万粒，分批产卵，产卵期3—8月。其天然产卵场多在浅水湖湾的水草丛生地带。产卵时水温一般在17～22℃，多在大雨之后，逆水游到产卵场，产卵时间多在半夜或早晨。卵黏附于水草上，呈淡黄色，吸水后卵径为2.5毫米左右。受精卵在水温22～25℃时需经50～60小时孵化出膜。

6. 养殖特点

鲫营养丰富，肉味鲜美，适应性强，易饲养，是稻田养殖的优质鱼类，深受消费者和养殖者青睐。鲫在稻田养殖中多作为搭养鱼类。苗种培育每667米^{2}放养“夏花”鱼种750～1 200尾，可以收获全长6厘米的鱼种600～1 000尾；成鱼养殖每667米^{2}放养全长6～10厘米的鱼种150～600尾，可收获成鱼45～75千克。

（二）常见鲫新品种

鲫由于适应性强，地理分布极广，长期对生态环境的适应，使之形成了许多变异的地方性种群。为了开发优良的鲫养殖新品种，近几十年来，我国水产科技工作者做了大量卓有成效并富有开创性的工作，选育、培育出了一批具有优良养殖经济性状的鲫新品种。比较常见的有以下几个品种。

1. 异育银鲫

异育银鲫是中国科学院水生生物研究所繁殖的优良鲫品种。它以方正银鲫为母本，兴国红鲤为父本，人工杂交所得的子代。由于方正银鲫的繁殖方式是雌核发育，所以它产的卵和兴国红鲤的精子“受精”以后，精子并没有参加受精过程，仅仅起到“激活”卵的作用，“受精”卵子行固有的雌核发育。异育银鲫比普通鲫生长快3～4倍。异育银鲫目前已选育出第三代，命名为异育银鲫“中科3号”，是中国科学院水生生物研究所淡水生态与生物技术国家重点实验室鱼类发育遗传学研究团队历时10余年研发培育出来的异育银鲫第三代新品种，于2008年获全国水产原种和良种审定委员会颁发的水产新品种证书（图2-5）。

图2-5　异育银鲫“中科3号”
（引自李大鹏）

与已推广养殖的高体型异育银鲫（高背鲫）相比，异育银鲫

“中科 3 号”遗传性状稳定；体色银黑，鳞片紧密，不易脱鳞；生长速度快，比高背鲫生长快 13.7%～34.4%，出肉率高 6%以上；寄生于肝脏造成肝囊肿死亡的碘泡虫引起的发病率低。

异育银鲫“中科 3 号”适宜在全国范围内的各种可控水体内养殖。目前，异育银鲫“中科 3 号”已在江苏、湖北、广东和广西等地建立良种扩繁和苗种生产基地，其苗种已在多个省（自治区、直辖市）推广养殖，受到当地养殖者的喜爱和欢迎，取得了显著的社会效益和经济效益。

2. 高背鲫

高背鲫又称高体型异育银鲫、高鲫和滇池高背型鲫（图 2-6）。主要是因其体高与体长之比相对较大而得名。该鲫是 20 世纪 70 年代中期在云南滇池及其水系发展起来的优势种群。高背鲫比普通鲫有更明显的生长优势。高背鲫有个体大、生长快、繁殖力强等优点，在自然条件下行雌核发育，繁衍后代。该特征有着重要的适应意义，在单个或单一雌体存在的情况下，群体可得到恢复发展，可确保资源的更大稳定性，这一特点是其他经济鱼类所不及的。

图 2-6　高背鲫

3. 彭泽鲫

彭泽鲫又叫芦花鲫或彭泽大鲫，原产于江西彭泽丁家湖、芳湖和太泊湖一带。因其栖息于芦苇丛中，体侧又有 5～7 条灰黑色斑纹，当地人称之为“芦花鲫”，以个体大（已知最大个体重 6.5 千克）著称。由于彭泽鲫与其他鲫相比生长速度快，故冠以“彭泽大鲫”的称谓。为了开发利用其生长快、个体大等的优良经济性状，水产科技人员进行了系统的定向培育，经多年努力，终于完成了彭泽鲫6代的选育工作。经选育的彭泽鲫，生长速度比选育前快50%以上，比普通鲫的生长速度快250%，其主要经济性状稳定一致，已成为我国第一个直接从二倍体野生鲫中选育出的优良养殖新品种，现已在全国20多个省、直辖市、自治区推广养殖。

4. 湘云鲫

湘云鲫又称工程鲫，是由湖南师范大学刘筠院士为首的课题研究小组，应用细胞工程和有性杂交相结合的新技术，培育出来的一种三倍体的新型鲫。其具有生长快、自身不育、食性广、抗逆性强、耐低温低氧等优点，生长速度比一般鲫快1～2倍，具有较高的人工养殖价值。该品种缺点是外形十分近似鲤。

5. 芙蓉鲤鲫

芙蓉鲤鲫是由湖南省水产科学研究所用散鳞镜鲤为母本，兴国红鲤为父本进行品种间杂交，得到杂交子代芙蓉鲤，再以芙蓉鲤为母本，红鲫为父本进行远缘杂交，得到的新型杂交鲫（图2-7）。2009年，芙蓉鲤鲫通过全国水产原种和良种审定委员会审定（品种登记号：GS-02-001-2009）。通过形态学、遗传学、分子生物学、性腺组织学等基础理论和养殖技术研究，证明芙蓉鲤鲫具有生长快、肉质好、抗性强、耐操作、不自繁、易饲养、好捕捞等优良特性，并在推广应用中产生了显著的经济和社会效益。

芙蓉鲤鲫是采用综合技术路线培育出来的新品种，通过长期的养殖试验和生产运用，证明其性状偏似鲫，具有生长快、肉质好、抗性强、性腺败育、制种容易的优良特性。①生长快。同池养殖对比试验表明，当年鱼种芙蓉鲤鲫生长速度比双亲平均水平快17.8%，比父本红鲫快102.4%，为母本芙蓉鲤的83.2%；2龄芙蓉鲤鲫生长速度比双亲平均水平快56.9%，比父本红鲫快7.8倍，为母本芙蓉鲤的86.2%；3龄芙蓉鲤鲫生长速度比双亲平均水平快54.1%，比父本红鲫快7.6倍，为母本芙蓉鲤的84.5%。芙蓉鲤鲫生长速度比湘云鲫快23%，比彭泽鲫快57.1%，比异育银鲫快

34.8%。②抗性强。芙蓉鲤鲫食性杂，适应性强，从1997年起，在池塘、网箱、稻田中进行过单养、混养，至今没有明显的病害记录。养殖户普遍反映，芙蓉鲤鲫不易缺氧浮头、脱鳞充血和受伤感染，因而特别耐操作、耐运输，尤其适合在高温季节捕"热水鱼"，进行活鱼长途运输，运输成活率提高10%以上。③性腺败育。在多年的养殖生产中，2龄以上芙蓉鲤鲫虽有发情动作，但至今未见自交繁殖的后代，即使人工催情可使极少数雌鱼发情产卵，也不能受精。芙蓉鲤鲫两性败育，不仅提高了养殖效益，而且可以避免自交和杂交，防止混杂，更有效地保护鱼类种质资源。④肉质好。芙蓉鲤鲫1龄和2龄鱼的空壳率为80.3%～90.6%，平均86.8%，明显高于普通鲤鲫（70%～80%）。芙蓉鲤鲫肌肉主要营养成分中粗蛋白含量为18.22%，高于双亲平均水平（17.95%）；脂肪含量3.68%，低于双亲。芙蓉鲤鲫每100克肌肉中，18种氨基酸含量17.58克，高于母本的16.67克和父本的16.88克；4种鲜味氨基酸含量为6.59克，高于母本的6.22克和父本的6.38克。芙蓉鲤鲫肌肉中不饱和脂肪酸含量为68.97%，略高于双亲的平均水平（68.84%），说明芙蓉鲤鲫的肉营养丰富，味道好，深受消费者和养殖户的青睐。

图2-7　芙蓉鲤鲫

（引自湖南省水产科学研究所）

6. 长丰鲫

长丰鲫（图2-8）是中国水产科学研究院长江水产研究所和中国科学院水生生物研究所联合培育的四倍体异育银鲫新品种（品种登

记号：GS-04-001-2015）。长丰鲫以异育银鲫D系为母本，以鲤鲫移核鱼（兴国红鲤系）为父本，进行雌核发育的后代中挑选的四倍体，经6代异源雌核发育获得。在相同的养殖条件下，与普通银鲫相比，1龄鱼和2龄鱼生长速度分别提高25.0%以上和16.0%以上。

图2-8　长丰鲫
（引自中国水产科学研究院长江水产研究所）

三、草　鱼

草鱼（*Ctenopharyngodon idellus*），又名鲩、草青、白鲩等（图2-9），属鲤形目鲤科雅罗鱼亚科草鱼属，分布很广。北自东北平原，南到海南岛都产此鱼。草鱼生长快，肉味鲜美，细刺少，为广大群众所喜爱，是我国淡水养殖的主要鱼类之一。稻田养殖通常将草鱼作为配养品种。

图2-9　草　鱼

（一）形态特征

体形近圆筒形，腹部圆，无腹棱。头中等大小，眼前部稍扁平，吻钝，口端位，上颌稍长于下颌。无须。鳃耙短小。鳞较大，侧线完全，略呈弧形。背鳍Ⅲ，7；臀鳍Ⅲ，8；胸鳍Ⅰ，16；腹鳍Ⅰ，8；鳃耙 15～18。下咽齿 2 行，齿侧扁，呈梳状。侧线鳞 39～44。体色呈淡青绿色，背部及头背部色较深，腹部灰白色，各鳍淡灰色。

（二）生活习性

草鱼性活泼，游泳快，通常在水体中下层活动，觅食时也时而在上层活动。在天然水域中，喜居于水中下层和近岸多水草区域，属中下层鱼类。

草鱼在 0.5～38℃都能存活，但适宜温度为 20～32℃，高于 32℃或低于 15℃时生长显著减慢。低于 10℃时停止摄食。在 pH 为 7.5～8.5 的微碱性水中生长最好。

（三）食性

草鱼成鱼吃水草和其他植物性饲料，是典型植食性鱼类。但在鱼苗阶段则以浮游生物为饵料，长到全长 10 厘米左右时可以摄食各种陆生和水生草类，如眼子菜、苦草、轮叶黑藻、菹草等。在人工养殖条件下，常投喂的饲料有各种牧草、多种禾本科植物、蔬菜等，此外，还有各种商品饲料，如米糠、麦麸、豆饼及配合饲料等。草鱼虽然吃草，但不能消化利用纤维素。草鱼摄食量很大，每天摄食量通常为体重的 40%左右。

（四）生长

草鱼生长快，个体大，最大个体可达 40 千克以上。长江中的草鱼体长增长最快时期为 1～2 龄，体重增长则以 2～3 龄最快。5 龄后生长明显变慢。

（五）繁殖特性

草鱼性成熟一般 4 龄，体重 5 千克。怀卵量较大，绝对怀卵量可达百万粒之多。草鱼的卵半浮性，没有黏性，自然条件下需在流水中产卵。受精卵在水温 25℃左右时需 30 小时孵化出仔鱼。

四、罗 非 鱼

罗非鱼又称非洲鲫，罗非鱼分类上属于鲈形目丽鱼科罗非鱼属。该属总计有 100 多个品种。罗非鱼原产于非洲，适应性强，为广盐性热带鱼类，广泛分布于非洲大陆的淡水水域和沿岸咸淡水水域。成为养殖对象的约15种，已被世界许多国家和地区引进养殖，是重要的养殖品种。由于它具有繁殖快、生长迅速、产量高、食性杂、病害少、味道好且肉中无肌间刺，以及适合淡水和海水养殖等许多优点，因此，被誉为人类动物蛋白质重要来源的“奇迹鱼”。1976年联合国粮食及农业组织召开的世界水产增养殖会议上，把罗非鱼确定为向全世界推荐养殖的鱼类，目前世界上许多国家都已发展人工养殖。我国先后引进的罗非鱼有10多种，最早引进的莫桑比克罗非鱼逐步被淘汰，代之而起的是从1978年开始引进的个体大、生长快的尼罗罗非鱼。尼罗罗非鱼是罗非鱼属中体型最大的一种，养殖一年体重可达500克以上。福寿鱼是雄性尼罗罗非鱼和雌性莫桑比克罗非鱼的杂交一代，具有明显的杂种优势，生长更快。20世纪80年代以来，我国又引进和培育出奥利亚罗非鱼、红罗非鱼、吉富品系尼罗罗非鱼等新品种，正逐步被扩大养殖。我国主要养殖的品种有尼罗罗非鱼、奥利亚罗非鱼、莫桑比克罗非鱼以及各种组合的杂交后代等。

（一）罗非鱼的特点

罗非鱼具有食性杂、耐低氧、不耐低温、繁殖力强等特点。

1. 生活习性

罗非鱼生活在水的中下层，白天常在水的中上层活动，游到水面摄食，夜间停息于水底，一般不活动。成鱼不集群活动，幼鱼常集群活动。成鱼遇敌或受惊时立即潜入水底的软泥中，仅嘴露在外面。适应能力强，特别是耐低氧能力比许多鲤科鱼类都强，可在污水中生活。罗非鱼属于广盐性鱼类，能适应较大范围的盐度变化，可从淡水中直接移入盐度为15的海水中，反之亦然。经短期驯化，能在盐度为30的海水中正常生长。罗非鱼是热带鱼类，适宜的温度范围18～38℃，最适生长水温24～32℃，在30℃生长最快。致死温度为42℃以上和10℃以下。

2. 食性

罗非鱼食性相当广泛，属于以植物性为主的杂食性鱼类，如浮游生物，底栖生物和浮萍、瓢莎、植物碎屑、腐殖质等，也喜食米糠、豆饼及配合饲料等人工饵料。

3. 生长

生长速度较快，但受环境因素的影响较大，其适宜生长的温度为24～32℃，最适合水温为30℃左右，20℃以下或37℃以上生长很慢。当水温适宜、饵料丰足时，饲养3个月体重可达100～150克，4～5个月，可达200～500克。

4. 繁殖特性

罗非鱼性成熟早，产卵周期短，口腔孵育幼鱼，繁殖条件要求不高，大水面静止水体内自然繁殖。罗非鱼6个月即达性成熟，重200克左右的雌鱼，怀卵量多在1 000～1 500粒，繁殖期间，雄鱼有美丽的婚姻色彩，腹部有肛门和泌尿生殖孔两个口，挤压腹部有白色精液流出；雌鱼腹部有3个孔，即肛门、生殖孔和泌尿孔。水温18～32℃时，成熟雄鱼具有“挖窝”能力，成熟雌鱼进窝配对，产出成熟卵子并立刻将其含于口腔，使卵子受精，受精卵在雌鱼口腔内发育，水温在25～30℃时4～5天即可孵出幼鱼。幼鱼至卵黄囊消失并具有一定游泳能力时离开母体。刚孵出的仔鱼仍包含于雌鱼口腔中，常放出活动，遇敌时立即吸入口中，脱险后又放出。一直到鱼苗有一定生活能力时才离开雌鱼口腔，集群游动；雌鱼还要守护一段时间后，才离开幼鱼让其独立生活。

5. 罗非鱼养殖特点

罗非鱼具有肉味鲜美、生长快、产量高、病害少、繁殖力强等特点，引进我国后受到普遍欢迎。我国南方可以自然越冬的地区和有地热、工厂余热等条件利用的北方地区，罗非鱼已成为主要的养殖种类之一。稻田养殖中罗非鱼可作为主养鱼类，也可部分代替鲤、鲫作为搭养鱼类。成鱼养殖中，主养罗非鱼投放全长10厘米左右的鱼种3 000～4 500尾/公顷，可产出成鱼450～750千克/公顷。

（二）罗非鱼的品种

我国先后引进罗非鱼10多种，目前养殖的大多是经人工培育的各种组合的杂交后代。截至2017年，经全国水产原种和良种审定委员会审定的品种有奥尼罗非鱼（GS-02-001-1996）、福寿鱼（GS-02-002-1996）、尼罗罗非鱼（GS-03-001-1996）、奥利亚罗非鱼（GS-02-002-1996）、“新吉富”罗非鱼（GS-01-001-2005）、“夏奥1号”奥利亚罗非鱼（GS-01-002-2006）、“吉丽”罗非鱼（GS-02-002-2009）、尼罗罗非鱼“鹭雄1号”（GS-04-001-2012）、吉富罗非鱼“中威1号”（GS-02-003-2014）。这些新品种罗非鱼具有明显的生长优势，其生长速度比传统养殖的罗非鱼品种快（图2-10）。

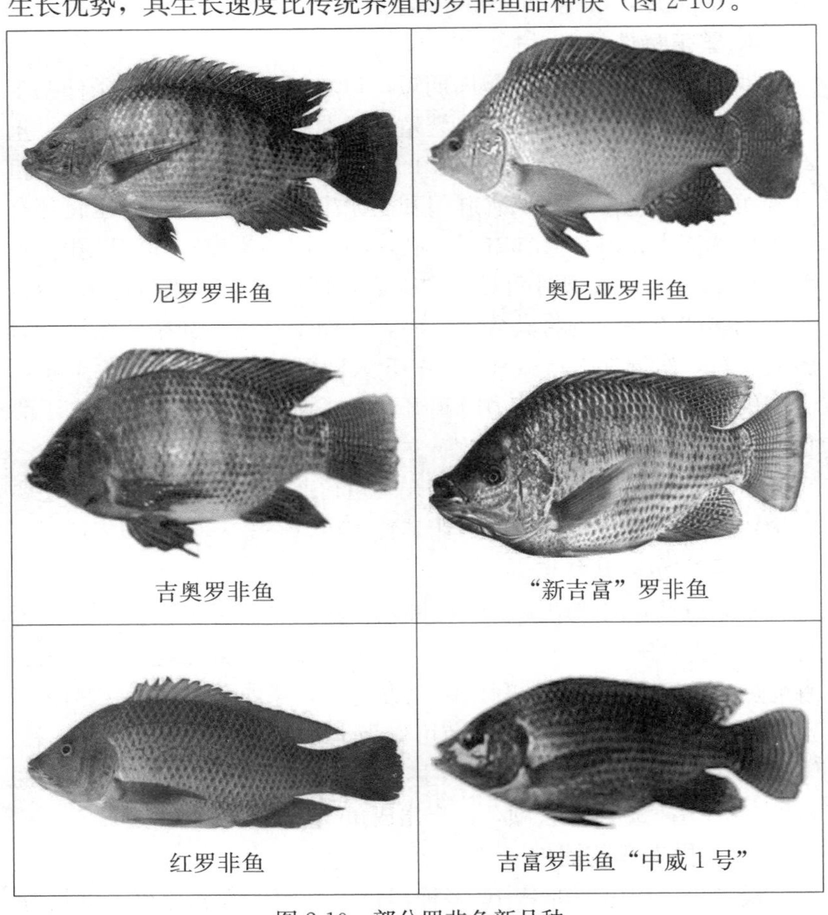

图2-10　部分罗非鱼新品种

五、泥　　鳅

泥鳅（*Misgurnus anguillicaudatus*），地方名鳅，鲤形目鳅科泥鳅属。泥鳅广泛分布于我国辽河以南至澜沧江以北地区，台湾和海南岛也有分布。人工养殖方法简单，形式灵活多样，近年来人工养殖不断升温。

（一）形态特征

泥鳅体细长，前部略呈圆筒形，后部侧扁。体长为体高的5.8～8.0倍，为头长的5.5～6.7倍，为尾柄长的5.7～7.3倍。头长为吻长的2.2～2.7倍，为眼径的6.6～10.0倍，为眼间距的4.6～5.4倍。尾柄长为尾柄高的1.3～1.8倍。头尖，吻突出；口小，亚下位，马蹄形；眼小，上侧位，覆盖皮膜，视觉不发达；须5对，有触觉和味觉功能，其中吻须1对，上颌须2对，下颌须2对；鳞细小，圆形，埋于皮下；体表富黏液，体背及体侧灰黑色，布有黑色斑点，腹部灰白色或浅黄色；背鳍条3～8；雄性胸鳍末端呈尖形，雌性末端呈圆形；腹鳍短小；尾鳍呈圆形，具有黑色斑点（图2-11）。

图2-11　泥　鳅

（二）生活习性

泥鳅喜欢栖息于泥质缓流或静水水域和沼泽地、稻田等水体底层，常钻入泥中，对环境的适应能力很强，能利用口吸入空气进行肠呼吸，因此能在缺氧的水体中生活，离水后亦不易死亡。泥鳅是温水性鱼类，对水质要求不严，以中性偏碱为宜。泥鳅一个特点是见缝就钻，所以养殖过程中要设置好防逃设施。

（三）食性

泥鳅属杂食性鱼类，饲料范围很广，以底栖动物和有机碎屑为主，一般在夜间觅食。幼鱼期主要吃动物饵料，如轮虫、枝角类等浮游动物。当体长长到 5～8 厘米时转为杂食。当体长达 8 厘米以上时，则转为以植物饵料为主，如硅藻，高等植物的根、茎、叶、种子等。

（四）生长

泥鳅生长速度较快，当年苗可长到 10 厘米左右，随之进入性成熟阶段，以后的生长也随之减慢。生长适温 15～30℃，在水温 25～28℃时摄食旺盛，生长也最快。

（五）繁殖特性

泥鳅为多次产卵性鱼类，自然条件下，在水温 18℃以上，即 4 月上旬开始繁殖，22～28℃时为产卵盛期（通常为 5—6 月）。雌鱼怀卵量在 1 万粒左右，卵圆形，无色透明或橘黄色，黏性差，能附着在石块、树枝或硬物上，但很易脱落。泥鳅的交配方式与其他鱼类不同，发情时经常是数尾雄鱼追一尾雌鱼，雄鱼不断地用嘴吸吻雌鱼的头部、胸部，并相继游出水面，其中一尾卷曲于雌鱼腹部，呈筒状拦腰环抱并挤压雌鱼产卵，同时雄鱼也排出精液，行体外受精。这种动作因亲鱼个体大小不同而次数也不等。受精卵经1～2 天即可孵出仔鱼。孵出后 3 天仔鱼开始吃食。

（六）经济价值及市场前景

泥鳅肉质细嫩，味道鲜美，营养丰富，素有“水中人参”之称，因其高蛋白、低脂肪，含丰富的维生素和多种不饱和脂肪酸，深受广大消费者喜爱。泥鳅是我国传统的出口商品，销路较广，在日本、韩国、东南亚及我国的港澳地区深受欢迎。据国内外泥鳅市场调查显示，从 2000 年起，泥鳅已连续十年走俏市场。国内市场年需求量达 100 万吨，但市场只能供应 15 万～20 万吨，缺口很大，特别是随着野生资源日益枯竭，泥鳅价格也随之节节攀升，云南昆明市场价已达 35～45 元/千克。国际市场对我国泥鳅需求量还在逐年升温，特别是日本、韩国需求旺盛，年需十万余吨。在国内，泥鳅的食用和药用价值已被广大消费者认可，且随着国民可支配收入的不断增长和改善食品结构的需求日益强烈，国内市场需求量也将继续快速增加，泥鳅养殖前景广阔。

六、黄　鳝

黄鳝（*Monopterus albus*），别名鳝鱼、长鱼、田鳝等，属于合鳃目合鳃科黄鳝属。黄鳝广泛分布于亚洲东部及南部，中国、朝鲜、日本、泰国、越南、缅甸、印度尼西亚、马来西亚、菲律宾等国都产黄鳝，我国除青藏高原以外，全国各水系都有出产，但以长江流域较多。随着野生资源减少，市场需求不断升温，开展人工养殖日益盛兴。

（一）形态特征

黄鳝呈蛇形，体圆、细长，后段逐渐侧扁，尾部尖细。头部臌大，吻端尖，口较大，端位，口裂超过眼后方，唇发达，下唇尤厚；上下颌及颚骨有细齿多行；眼小，覆盖一层皮膜；两鼻孔相距较远；体表皮肤光滑无鳞；无胸鳍和腹鳍，背鳍与臀鳍仅留有较低的皮褶与尾鳍相连；侧线发达，稍向内凹陷；体色随栖息环境略有变化，呈微黄或黄褐色，全身布满黑色斑点（图 2-12）。

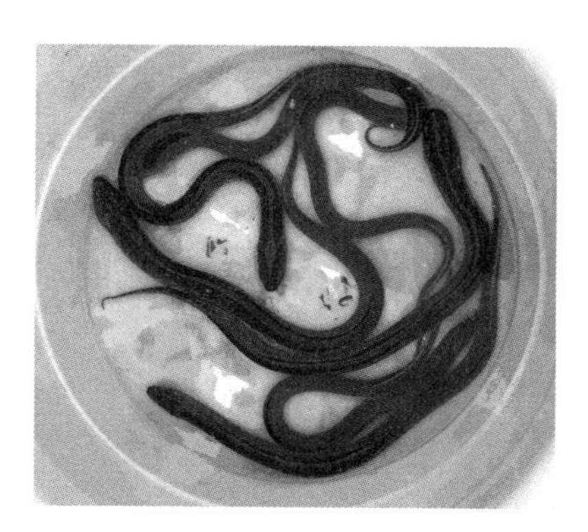

图 2-12　黄　鳝

（二）生活习性

黄鳝属底栖鱼类，栖息于河道、湖泊、沟渠、塘堰、水库及稻田中。穴居，日间潜伏于洞穴中，夜间出穴觅食。喜在田埂或岸边、腐殖质较多的浅水或淤泥中钻洞穴居，洞穴至少有两个出口。适宜生长水温为15～30℃，生长最适水温为23～25℃，10℃以下停止摄食，30℃以上出现不适反应。气温下降到10℃以下，即入穴冬蛰。黄鳝以口腔及喉腔的内壁表皮作为辅助呼吸器官，能直接吞食空气呼吸，因此可适应缺氧的水体，且离水后不易死亡。

（三）食性

黄鳝属肉食性鱼类，喜欢吃活食。在自然条件下，主要捕食蚯蚓、蝌蚪、昆虫、小蛙、小鱼、小虾、河蚌及其幼体等。在其幼体阶段食枝角类、桡足类、轮虫等浮游动物。在饵料不足时，也吃植物性饵料，如瓜菜类、小浮萍等。黄鳝觅食主要依靠发达的嗅觉发现活物，而后张口以啜吸方式把猎物吞吸下去。它还能在土壤中穿穴摄食蚯蚓等栖动物。黄鳝性贪食，在生长旺季日摄食量可达体重的15%；也耐饥饿，长期不吃食一般不会死亡，但体重减轻。黄鳝在饵料不足时，也常有大鱼吃小鱼的互相残食的现象。

（四）生长

黄鳝2龄以前生长相对较慢，3龄以后显著加快，以4龄生长最快。1龄体长25厘米左右、体重16克；2龄体长30厘米、体重30克；3龄体长40厘米、体重60克；4龄体长可达50厘米。在人工养殖条件下，保证充足的饵料，黄鳝生长会更快。黄鳝最大个体可达1.5千克以上。

（五）繁殖特性

黄鳝的繁殖特性十分特殊，它具有性逆转现象。第一次性成熟前均为雌性，产卵后转为雄性。雌鳝性成熟年龄为2龄。因此2龄及2龄以下的黄鳝全为雌性，3龄开始发生性逆转，出现雄鱼，但较少。4龄、5龄大都为雄鱼。一般从体长看，30厘米以下的黄鳝为雌性，30～60厘米雌雄各半，60厘米以上多为雄性。黄鳝怀卵量少，通常为300～800粒。繁殖季节为4—10月，旺季6—8月。

产卵时，黄鳝在洞口吐出泡沫，堆成巢，然后把卵产于泡沫之中，借助泡沫浮力将卵浮起。卵呈橙黄色或浅黄色，无黏性，沉性，卵径2～5毫米。受精卵在水温28～30℃时，需5～11天才能孵出。孵出11天左右卵黄逐渐消失，开始摄食。

（六）经济价值及市场前景

黄鳝肉味鲜美，营养丰富，每100克鲜肉含蛋白质18.8%，脂肪0.9%，还富含钙、磷、铁及多种维生素，是深受国内外消费者喜爱的美味佳肴和滋补保健食品。黄鳝肉质皮色与一般的淡水鱼不同，爆、炒、烹、煮、炸均可，能做出多种美味的佳肴，因此黄鳝在国内外市场上十分畅销。据调查，目前国内市场年需求量超过200万吨，日本、韩国每年需进口20万吨，港澳地区的需求也呈增长趋势。此外，由于黄鳝富含DHA、EPA和其他营养成分，因而在深加工和保健品开发上具有极大的发展潜力。目前供应黄鳝市场的主要货源来自野生捕捞和一定数量的野生黄鳝反季节囤养。但野生资源已所剩无几，需求增长和资源减少使黄鳝市场供应日趋紧张，价格稳步提高，因此人工养殖黄鳝具有广阔的发展空间。

七、胡子鲇

胡子鲇（*Clarias fuscus*），又名塘虱鱼，属鲇形目胡子鲇科胡子鲇属，是一种生活在热带和亚热带的常见淡水鱼类，在我国南方地区广泛分布于江河、湖沼、池塘、河沟或稻田中。人工养殖条件下的胡子鲇具有生长快、适应性强、饲养成本低等特点，适合热带和亚热带地区的池塘和稻田养殖。

（一）形态特征

胡子鲇体光滑，无鳞片，体色多呈棕黄色或黑褐色，腹部色泽较淡，背部较深；侧线平直，分布有一些不规则的白色小斑点；眼小、口宽，有鼻孔两对，前后分离，前鼻孔管状，后鼻孔为圆孔状；有须4对，其中上颌须1对，最长，末端接近或超过胸鳍基部，其他3对分别为鼻须1对，位于后鼻孔前缘，下颌须2对；胡子鲇背鳍位于胸鳍末端上方，占身体全长的2/3左右，比臀鳍长；胸鳍有1个硬棘，其内缘粗糙，外缘光滑，胸鳍硬棘有毒腺组织，人体被刺伤后有灼痛感；腹鳍腹位，尾鳍独立呈扇形（图2-13）。

图2-13　胡子鲇

（二）生活习性

胡子鲇对水温适应范围广，适宜水温18～32℃，最适水温24～30℃，对水质要求不高，溶解氧大于1毫克/升就能正常生活。胡子鲇食性杂，小鱼虾、水生昆虫、底栖生物、水蚯蚓、植物叶茎及其他有机碎屑均可被摄食。人工养殖条件下可摄食小杂鱼、蚕蛹、蚯蚓、动物内脏等动物性饲料，也可摄食豆饼、麸皮等植物性饲料。

（三）经济价值

胡子鲇肉质细嫩、口感好，蛋白质含量高，还具有一定的药用价值和滋补作用，而且养殖技术简单，饲料容易解决，生产上投资小、产量高，收入可观，适宜池塘和稻田养殖，具有较高的经济价值。

八、青　　虾

青虾（*Macrobrachium nipponensis*）俗称河虾，又名日本沼虾，属节肢动物门甲壳纲十足目游泳虾亚目长臂虾科沼虾属，是我国、日本以及朝鲜特有的淡水虾类。因为体呈青蓝色而得名。青虾是我国的传统养殖品种，特别以江苏太湖及山东微山湖的青虾最为著名。在我国境内有广泛分布。长期以来，青虾主要依靠天然捕捞，随着我国青虾养殖业的发展，养殖模式不断创新，养殖技术日益完善，稻田养殖青虾也在逐渐推广普及。

（一）形态特征

青虾体形较为粗短，分为头胸部和腹部两部分，体色呈青蓝色，全身都包裹着一层几丁质甲壳，可以保护内部脏器，对身体起支撑作用。全身分为20个体节，头部为5节，胸部为8节，腹部为7节，各体节沿头部往后逐渐变细。除了尾节外，每个体节都有1对附肢，各附肢具有不同功能并演变为不同形状。头胸部甲壳是一个整体，称为头胸甲。头胸甲前端向前突出形成一对尖锐的额剑，长度大约为头胸甲的3/4。额剑上缘呈平直形或弧形，有12～15个齿。在头胸甲上，身体两侧各具2对刺状突起，其中位于第二触角基部的为“触角刺”，位于触角刺后下方的为“肝刺”。腹甲保持分节状态，各节腹甲之间以及头胸甲与腹甲之间有柔软的几丁质膜相连，可以使腹部自由弯曲。在头胸部前端、额角的基部两侧生有1对复眼，复眼基部有眼柄，可以自由转动。雄虾较同龄期的雌虾规格大，雄虾第二步足强壮，雄虾头部两侧长有1对较长的触角，触角顶端像两把钳子，在觅食或者同类争斗时起到自卫保护的作用（图2-14）。

图2-14　青　虾

（二）生活习性

青虾生活在淡水湖泊、江河、水库、池塘、沟渠等水草丛生的缓流处，属广温性动物，生长的适宜水温为18～30℃，最适水为25～30℃。青虾喜欢清新水质，对水中溶解氧要求较高，溶解氧需保持在5毫克/升以上，若溶解氧低于2.5毫克/升，青虾停止摄食，溶解氧低于1毫克/升，则容易因缺氧浮头而死亡。青虾的耗氧率和窒息点远高于我国的主要养殖鱼类。青虾有较强的负趋光性，白天潜伏在阴暗处，夜间出来活动。青虾喜欢泥底的底质，尤其喜欢在水草丛生的泥底上栖息。青虾可在低盐度水域中生活。

（三）食性

青虾属杂食性动物，在不同发育阶段，其食物组成不同。溞状幼体是以自身残留的卵黄为营养物质，第一次蜕壳后，开始摄食浮游植物及小型浮游动物。幼体变态结束后则逐渐变为杂食性，主要以水生昆虫幼体、小型甲壳类、动物尸体以及有机碎屑、幼嫩的植物碎片等为食。到了成虾阶段，则食性更杂，所食动物性饵料有小鱼、小虾、软体动物、蚯蚓、水生昆虫等动物尸体，所食植物性饵料有水生植物、着生藻类、豆类及谷物等。在人工饲养条件下，青虾对各种配合饲料均喜食。

（四）生长

青虾生长从生物学角度来划分，一生可分为四个阶段，即胚胎发育阶段、溞状幼体阶段、仔虾阶段和成虾阶段。青虾生长通过蜕壳来进行。蜕壳按其功能可分为四个类型：变态蜕壳、生长蜕壳、再生蜕壳和生殖蜕壳。青虾为短寿命动物，一般为14～18个月。青虾个体不大，但生长速度较快，有“四十五天赶母”之说。雌雄生长速度存在差异。性成熟前基本一致，但性成熟后，雄性生长比雌性快得多。

（五）繁殖习性

青虾为雌雄异体，性成熟后，雄性大于雌性，雄性的第二步足粗长。青虾性成熟早，体长达到3厘米左右即可成熟。产卵期为

4—9月，产卵水温为18℃以上，最适水温为22～28℃。青虾属多次产卵类型，抱卵数与体长成正比，体长4～6厘米的雌虾，抱卵量为1 000～2 800粒。青虾卵从母体产出到孵化，在水温23～26℃时，需15天左右。

（六）经济价值及市场前景

青虾养殖周期短，抗病力强，肉质细嫩、味道鲜美，蛋白质含量超过18%，脂肪含量仅为1.3%，还含有丰富的人体不可或缺的微量元素，深受广大消费者喜爱。青虾的虾壳能加工成甲壳素作为饲料添加剂使用。多年来，青虾一直供不应求，价格不断上涨，是一种具有广阔市场前景的养殖品种。

九、牛　　蛙

牛蛙（*Rana catesbiana*），隶属脊椎动物门两栖纲无尾目蛙科。原产地为北美洲落基山脉地区，中国目前除西藏、海南、港澳外，均有自然分布。它是一种大型食用蛙，肉质细嫩，味道鲜美，营养丰富，是人们十分喜爱的养殖种类。

（一）形态特征

牛蛙是一种大型蛙类，体躯及四肢很发达，呈块状，躯体分为头、胴两部分，颈部不明显，头部长大于宽，呈三角形，眼位于头部最高处，鼻在头前背面中骨腺，圆且平滑的鼓膜在眼后缘中央部的后下方，无外耳。前肢各生四指，四指间无蹼，四指中的内侧一指最发达。后肢比前肢长出1倍，后肢各有3趾，趾间有蹼，后肢肌肉最发达。雌性的耳比雄性的耳小，除了头部和眼的前方，其余体表会分泌黏液用来湿润皮肤，以利呼吸。牛蛙体色与栖息场所相适应，也依老、幼个体不同而异，普通牛蛙为黄褐色或绿褐色。若生活在明亮地区体，体表呈黄绿色，斑点鲜明。栖息在黑暗的地方，或营养欠佳，蛙体表呈暗褐色，斑点及斑纹都不明显，背部自头至肛门近处，有暗褐色浓斑点，四肢有暗褐色斑纹，腹部为灰白色。雌性咽喉部为白色，带有暗灰色斑纹，雄性咽喉部为黄色（图 2-15）。

图 2-15 牛 蛙

（二）生活习性

牛蛙喜静，喜欢栖息在江河、湖泊、溪沟、沼泽、池塘等岸边草丛中，怕惊吓干扰，不喜群集，往往一对或几对相集，其叫声如牛，产卵期前，雄蛙便鸣叫，招引雌性。白天牛蛙用前肢抓住漂浮物将身体悬浮于水中，仅露出头部呼吸，一旦遇到惊扰，大多即刻潜入水中；晚间在没有干扰的情况下则四处活动、觅食。倘若生态环境喧嚣嘈杂，噪声严重，牛蛙会迁居他方，寻找安静新居。因此，一定要选择环境安静的地方进行牛蛙养殖。

牛蛙属变温动物，其生长的最适温度为 25～30℃，繁殖最适温度为 20～30℃，低于 20℃或高于 30℃则停止产卵。当温度降至15℃时，食量很小；温度降到 14℃以下，基本停止摄食；低于10℃，则停食冬眠。牛蛙最高致死温度为 40℃，夏天高温季节，常栖息于阴凉的洞穴、浓密草丛、农作物地里。

（三）经济价值及市场前景

目前牛蛙养殖已遍及世界各地，是食用蛙中的主要养殖种类。牛蛙全身都是宝，集食用、药用等于一身，是上乘美味食品和高级的保健药膳。牛蛙皮是优质的乐器材料，上等的制革原料，还可提炼高级黏胶。牛蛙油可制优质油脂。牛蛙脑垂体是高效的催产激素。人工养殖牛蛙生长快、产量高、成本低、售价高，具有很高的经济效益。

第三章 稻作技术

第一节　水稻基本常识

一、水稻简介

水稻为一年生禾本科植物，单子叶，成熟时高约1米，叶子长50～100厘米，宽2～2.5厘米。水稻开花时主要花枝呈现拱形，在枝头往下30～50毫米开小花，大部分自花授粉并结种子，称为稻穗，一般稻粒大小长5～12毫米，厚2～3毫米。水稻喜高温、多湿、短日照，对土壤适应性较强，幼苗发芽最低温度10℃，最适温度为28～32℃，分蘖期日均温度20℃以上，穗分化适温度30℃左右，抽穗适温度25～35℃，开花最适温度30℃左右，低于20℃或高于40℃受精受严重影响，每形成1千克稻谷需水500～800千克。水稻除食用颖果外，可制淀粉、酿酒、制醋；米糠可制糖、榨油、提取糠醛，供工业及医药用；稻秆为良好饲料及造纸原料和编织材料；谷芽和稻根可供药用。

二、水稻生长过程

根据外部形态及生理特点，水稻生长过程可分为幼苗期、分蘖期、长穗期和结实期四个生育时期。

（一）幼苗期

种子萌动发芽、出苗至三叶期。以田间50％种子出苗为出苗标志。

（二）分蘖期

当水稻个体开始分蘖时进入分蘖期，此时期一直到茎尖生长锥开始穗分化为止。群体中50%的稻苗出现分蘖即进入分蘖期。

（三）长穗期

形成第一苞就进入长穗期，至抽穗结束，大田以50%的水稻抽穗为标准。

（四）结实期

从抽穗到成熟的过程，包括开花期、乳熟期、蜡熟期和完熟期。

还可以再具体细分为秧田期、返青期、有效分蘖期、无效分蘖期、拔节期、孕穗期、抽穗期、开花期、乳熟期、蜡熟期和完熟期。

三、水稻栽培历史

水稻源于亚洲和非洲的热带和亚热带地区。水稻栽培在中国广泛推广后，逐渐向西传至印度，中世纪被引入欧洲南部。水稻（旱稻除外）大都在热带、半热带和温带等地区的沿海平原、潮汐三角洲和河流盆地的淹水地栽培。水稻主要生产国为中国、印度、日本、孟加拉国、印度尼西亚、泰国和缅甸。其他重要生产国有越南、巴西、韩国、菲律宾和美国。

我国是世界上种植水稻历史最长的国家，也是栽培水稻的主要发源地之一，大部分地区都适宜水稻生长。水稻种植面积占我国粮食作物种植面积的25%～30%，总产量约占全国粮食总产量的35%，近2/3的我国人口以稻米为主食。在长期生产生活中，广大稻农积累了较为丰富的种稻经验，水稻产量逐年提高，水稻在广大人民群众生产生活及在国民经济中的地位和作用越来越重要。

四、我国水稻种植分布与区划

（一）我国水稻种植分布

我国水稻种植分布北至黑龙江黑河地区，南至海南岛，东至台湾省，西至新疆维吾尔自治区；海拔低至海平面以下的东南湖田，高至 2 600 米以上的云贵高原。90%以上的水稻种植面积分布在秦岭、淮河以南地区；珠江流域河谷平原和三角洲地带、长江中下游平原及成都平原是我国水稻的主要产区；浙江、福建沿海地区的海滨平原，云南、贵州的坝子平原及台湾省西部平原是我国水稻的集中产区。

（二）我国水稻种植区划

我国稻区可划分为 6 个稻作区、16 个亚区，共有水稻种植面积 0.3 亿公顷，各稻作区种植分布不均，91%分布在南方，仅 9%分布在北方。

1. 华南双季稻稻作区

本区位于南岭以南，中国最南部，包括广东、广西、福建、海南及台湾 5 省（自治区），本区≥10℃积温 5 800～9 300℃，年降水量 1 300～1 500 毫米，水稻生产季节 260～365 天，稻作面积约占全国稻作面积的 22%，品种以籼稻为主，山区也有粳稻分布。包括闽粤桂台平原丘陵双季稻亚区、滇南河谷盆地单季稻亚区及琼雷台地平原双季稻多熟亚区 3 个稻作亚区。

2. 华中双季稻稻作区

本区位于南岭以北，秦岭以南，包括江苏、上海、浙江、安徽中南部、湖南、湖北、重庆和四川，以及陕西和河南两省南部。本区≥10℃积温 4 500～6 500℃，年降水量 700～1 600 毫米，水稻生产季节 210～260 天，是中国最大的稻作区，约占全国稻作面积的 59%。早稻品种多为常规籼稻或籼型杂交稻，中稻多为籼型杂交稻，晚稻为籼、粳型杂交稻或常规粳稻。包括长江中下游平原双单季稻亚区、川陕盆地单季稻两熟亚区、东南丘陵平原双季稻亚区 3

个稻作亚区。

3. 西南高原单双季稻稻作区

本区位于云贵高原和青藏高原，包括湖南西部、贵州大部、云南中北部、青海、西藏和四川。本区≥10℃积温 2 900～8 000℃，年降水量 500～1 400 毫米，水稻生产季节 180～260 天，稻作面积约占全国稻作面积的 6%。低海拔地区为籼稻，高海拔地区为粳稻，中间地带籼粳稻交错分布。包括黔东湘西高原山地单双季稻亚区、滇川高原岭谷单季稻两熟亚区、青藏高寒河谷单季稻亚区 3 个稻作亚区。

4. 华北单季稻稻作区

本区位于秦岭、淮河以北，长城以南，包括北京、天津、河北、山东及山西等省（直辖市），以及河南、安徽、陕西部分地区。本区≥10℃积温 4 000～5 000℃，年降水量 580～1 000 毫米，无霜期 170～230 天，稻作面积约占全国稻作面积的 3%。水稻品种以粳稻为主。包括华北北部平原中早熟亚区、黄淮平原丘陵中晚熟亚区 2 个稻作亚区。

5. 东北早熟单季稻稻作区

本区位于黑龙江以南和长城以北，包括辽宁、吉林、黑龙江和内蒙古东部。本区≥10℃积温 2 000～3 700℃，年降水量 350～1 100 毫米，水稻生产期一般为 4 月中下旬至 10 月上旬，稻作面积占全国稻作面积的 9%。水稻品种以粳稻为主。包括黑吉平原河谷特早熟亚区、辽河沿海平原早熟亚区 2 个稻作亚区。

6. 西北干燥区单季稻稻作区

本区位于大兴安岭以西，长城、祁连山与青藏高原以北，包括新疆、宁夏、甘肃西北部、内蒙古西部及山西大部。本区≥10℃积温 2 000～4 500℃，年降水量 50～600 毫米，无霜期 100～230 天。稻作面积占全国稻作面积的 1%。水稻品种以早熟粳稻为主。包括北疆盆地早熟亚区、南疆盆地中熟亚区、甘宁晋蒙高原早中熟亚区 3 个稻作亚区。

五、水稻分类

水稻是人类主要粮食作物，目前世界上可能有超过 14 万种水稻品种，我国栽培稻品种有 4 万多个，依不同的标准可作不同分类。较简明的分类是依稻米的淀粉成分来分，稻米的淀粉分为直链及支链两种，支链淀粉越多，煮熟后黏性越高。

（一）籼稻和粳稻

根据形态和生理特性的不同为标准分类，可分为籼稻和粳稻。

1. 籼稻

籼稻 20%左右为直链淀粉，属中黏性，大多种植于热带和亚热带地区，生长期较短，无霜期长的地方一年可种植多季，俗称双季稻、三季稻。我国是籼稻、粳稻并存的国家，且种植面积较广，籼稻主要种植在华南热带和淮河以南亚热带地区，分布范围较粳稻窄。籼稻生长特性是耐热，耐强光。籼稻去除外壳后即为籼米，外观呈细长型、透明度较低，有些品种表皮发红，米质黏性差，叶片粗糙多毛，颖壳上茸毛稀而短，较易落粒。

2. 粳稻

粳稻直链淀粉较少，低于 15%，适宜在温带和寒带地区种植，生长期较长，一般一年仅能种植一季，俗称单季稻。粳稻去壳后即为粳米，外观圆短、透明度较高。粳稻分布范围比籼稻更广泛，分布在南方高寒山区、云贵高原，在秦岭、淮河以北广大地区均有粳稻种植。粳稻生长特性是耐寒，耐弱光。稻粒呈短圆形，米质黏性较强，叶面少毛或无毛，颖毛长密，不易落粒。

（二）早稻、中稻和晚稻

根据对光照反应敏感程度不同为标准分类，可分为早稻、中稻和晚稻。早稻和中稻是由晚稻在不同温光条件下分化形成的变异型。

1. 早稻

对光照反应不太敏感，感光性极弱或不感光，只要温度条件满足其生长发育，全年各个季节都能正常种植和成熟。华南和长江流域稻区双季稻中的第一季稻，以及华北、东北和西北高纬度的一季粳稻均属早稻。

2. 中稻

一般在早秋季节成熟，生育期介于早稻与晚稻之间，中粳品种具有中等感光性，遇短日高温天气生育期缩短；中籼品种的感光性较中粳品种弱，品种适应范围较广。

3. 晚稻

晚稻和野生稻很相似，是由野生稻直接演变形成的基本稻型。晚稻对日照长度极为敏感，对光照条件要求较高，在短日照条件下才能通过光照阶段抽穗结实。

（三）水稻与陆稻

根据稻作栽培方式和生长期内需水量多少不同为标准分类，可分为水稻和陆稻。

1. 水稻

水稻在水田中种植，对水分要求较高，整个生长期都浸泡在水田中。水稻种子发芽时需水较多，吸水不强，发芽较为缓慢，茎叶保护组织不太发达，抗热性不强，根系不发达，对水分减少的适应性不强，产量较高。我国南方种植的稻类基本为水稻。

2. 陆稻

陆稻在旱地上种植，适宜在低洼易涝旱地、雨水较多的山地及水源不足、灌溉条件较差的稻区种植。陆稻种子发芽时需水量少，吸水力较强，发芽较快，茎叶保护组织发达，抗热性强，根系较发达，对水分适应性强，产量低于水稻。陆稻仅在我国北方有少量种植。

第二节　水稻生长对环境的要求

一、幼苗期对环境的要求

（一）温度

粳稻发芽最低温度为10℃，适温为28～32℃，最高温度可达

42℃，出苗及幼苗生长的温度比发芽高 2℃，16℃以上籼稻及粳稻都可顺利出苗，在低温下会出现烂种、烂芽和烂秧。秧田应选择具备向阳、避风、便于水灌、方便排水等条件的田块，如遇低温则采取加盖薄膜等措施。

（二）水分

风干种子的水分起点为 14.5％，当种子吸水达风干重的 23％时即可发芽，达 25％时发芽整齐。吸水速度与温度有关。水稻直播时田间保持水量 60％～70％时发芽出苗顺利。

（三）氧气

缺氧时胚芽鞘能正常生长，但根、叶则难以正常生长，胚芽鞘升至水面见光和空气使其破口，空气方能向下运行，进行有氧呼吸，根和叶生长加快后，逐渐形成通气组织，适应以后的水层管理。缺氧将导致烂秧。

（四）养分

三叶期土壤中的养分和光合物质已积极参与幼苗生长，磷、钾在低温下吸收较弱，苗体含磷、钾才具有高抗寒能力，磷、钾肥以早施为宜。

二、分蘖期对环境的要求

（一）温度

水稻分蘖最适气温为 30～32℃，最高气温 40℃，最低气温为 15℃，最适水温为 32～34℃，最高水温为 42℃，最低水温 16℃，水温在 22℃以下分蘖较为缓慢，低温导致分蘖延迟，且影响总分蘖的有效穗数，因此温度在 15℃以上开始插秧为宜。

（二）水分

分蘖期对水最敏感，但只要求水田处于水饱和状态，浅水最有利于分蘖，在高温条件下（26～36℃）土壤持水量达 80％时分蘖最多。若此时深水灌溉，水层深度超过 8 厘米时，分蘖节光照弱，氧气不足，温度较低，抑制分蘖。但是稻田水较浅，持水量低于

70%时，也会停止分蘖。

（三）光照

分蘖期需阳光充足，以提高叶片的光合强度，制造有机物，促进增加分蘖数。自然光照下返青后3天即开始分蘖。若仅有50%自然光照，返青13天才开始分蘖；若仅有5%的自然光照，停止分蘖，秧苗死亡。

（四）养分

营养多可促进分蘖且生长较快，若分蘖期营养较多，有效分蘖相应增多；若营养少，分蘖也少或停止分蘖。所需营养以氮、磷、钾为主，特别要增施氮肥，最好氮、磷、钾配合追肥。

三、拔节孕穗期对环境的要求

拔节孕穗期指营养生长和生殖生长并进的时期，这个时期水稻生长发育迅速，根群最大、稻株叶面积达到最大，稻穗开始分化。拔节孕穗是决定每穗粒数的关键时期，也是有效穗数巩固时期和粒重决定时期，其主要因素在于外界条件的影响。

（一）温度

幼穗分化适温为26～30℃，幼穗分化的外界温度为15～18℃，但最敏感时期是减数分裂期。在减数分裂期，高温和低温都会引起颖花大量败育和不孕。

（二）水分

幼穗分化到抽穗，是水稻一生需水最多的时期，尤其在花粉母细胞减数分裂期，对水最敏感。这个时期必须保持田间持水量在90%以上，缺水会影响到颖花发育；水分过多受淹，也会引起稻株死亡。

（三）光照

光照强度与幼穗分化关系密切，光照强有利于幼穗分化，因此在水稻栽种密度上保证合理，以利于通风、通光。增强光合作用，形成光合产物，从而可促进生长大穗、粒多的稻谷。

（四）养分

幼穗分化过程中，根群不断增加，最后 3 片叶相继长出，营养生长和生殖生长均需要养分。若这一时期缺乏营养，对幼穗分化会产生不利影响。因此，在抽穗前 30～40 天需进行中耕追肥，以促进颖花分化，2 次枝梗数增加。在抽穗前 10～20 天可喷施肥一次，这一时期为雌雄花芯形成期与花粉母细胞减数分裂期，此时需保证肥量大，以防止颖花败育，确保粒多。

四、抽穗结实期对环境的要求

水稻抽穗结实期营养生长基本停止，该时期生殖生长为主期，其生长特点是开花受精和灌浆结实，是决定粒数、粒重、最终形成产量的时期。在管理中要使水稻不早衰、不贪青、不倒伏。

（一）温度

温度与灌浆结实关系密切，一般最适合灌浆气温是 21～22℃，昼夜温差大有利于灌浆，在灌浆前 15 天以昼温 29℃、夜温 19℃、日均温度为 24℃为宜。后 15 天以昼温 20℃、夜温 16℃、日均温度为 18℃为好。适宜的灌浆温度，有利于延长积累营养物质的时间，细胞老化慢，呼吸消化少，米质好。高温和低温都不利于水稻籽粒正常灌浆。

（二）水分

灌浆期水分需求仅次于拔节、长穗、分蘖期，应避免土壤缺水。若水分不足会影响叶片同化能力和灌浆物质的运输，灌浆不足则造成减产。灌浆期水分不足会影响光合作用，降低物质运转效率，导致稻米的物理性状变劣。

（三）光照

光照强度和光照时间会影响稻叶的光合作用和碳水化合物向谷粒的转运。光照充足，光合产物多，结实率与千粒重均高。温度与光照有互补作用，灌浆期的光合作用直接影响水稻的产量。

（四）养分

在灌浆期间适当施氮肥可增强叶面积的光合作用，维持最大的叶面积，防止早衰，提高根系活力，对提高水稻产量影响很大。大穗型品种追施粒肥可明显促进弱势粒发育，在生产中常用根外追肥方法。

第三节　主要山区型水稻品种

一、常规粳稻

（一）云粳 43 号

云南省农业科学院粮食作物研究所选育，审定编号：滇审稻 2016006。

属粳型常规水稻，全生育期 166 天，株高 91.53 厘米，成穗率 87.23%，穗长 19.5 厘米，穗总粒数 122.3 粒，穗实粒数 104.3 粒，结实率 85.28%，千粒重 23.75 克，落粒性适中。2013 年抗性鉴定，感稻瘟病（7 级）、抗白叶枯病（3 级）；2013 年腾冲点重感穗瘟，其他试点两年都无重病记载。2013—2014 年在红塔区、澜沧县、楚雄州、弥渡县试点，两年都比对照增产，平均每 667 米^2 产 683.5 千克，比对照增产 3.97%，增产点率 60%。出糙率 83.5%，精米率 74.3%，整精米率 68.0%，粒长 5.2 毫米，长宽比 1.9，垩白粒率 20%，垩白度 2.0%，直链淀粉含量 16.6%，胶稠度 70 毫米，碱消值 7.0 级、透明度 2 级、水分 10.4%，米质达到国标二级。适宜在海拔 1 500～1 850 米的稻作区种植。

（二）楚粳 28 号

楚雄彝族自治州农业科学研究推广所选育，审定编号：川审稻 2012010。

属粳型常规水稻，两年区域试验平均全生育期 183 天，株高 88 厘米，株型适中，剑叶内卷直立，叶绿色。每 667 米^2 有效穗 34.1 万，穗长 16.8 厘米，每穗平均着粒 129.4 粒，结实率

74.4%，千粒重22.7克，穗弯垂，谷粒卵圆形，颖尖秆黄色。出糙率79.4%，整精米率63.1%，长宽比1.7，垩白粒率8%，垩白度1.5%，直链淀粉含量16.2%，蛋白质含量10.1%，胶稠度64毫米，米质达国标三级。2011年稻瘟病抗性鉴定，叶瘟4级，颈瘟5级；2012年稻瘟病抗性鉴定，叶瘟4级，颈瘟5级。2011—2012年凉山州两年区域试验，平均每667米^{2}产670.4千克，比对照合系22-2增产9.1%，两年区域试验平均增产点率100%。2012年生产试验，平均每667米^{2}产639.4千克，比对照合系22-2增产9.7%。适宜在凉山州海拔1 500～1 850米的常规粳稻区种植。

（三）苟当3号

黔东南苗族侗族自治州农业科学院、从江县农业局选育，审定编号：黔审稻2013013。

属粳型常规糯稻，全生育期160.4天，分蘖力中等，株高151.8厘米，植株高大，株型较松散，叶缘、叶耳无色，剑叶长度中等、披垂。每667米^{2}有效穗8.5万，穗较大，着粒较密，结实高，每穗总粒数189.3粒，结实率88.8%，千粒重27.3克，籽粒阔卵形，颖壳秆黄色，芒较长。糙米阔卵形，糯型。出糙率82.6%，精米率73.4%，整精米率64.2%，阴糯米率1%，垩白度1%，直链淀粉含量1.4%，蛋白质含量8.3%，胶稠度100毫米，粒长5.3毫米，长宽比1.8，碱消值7.0级。稻瘟病抗性为"中感"。2011年参加贵州省黔东南州香禾区域试验，平均每667米^{2}产376.2千克，比对照农虎禾增产9.37%；2012年续试，平均每667米^{2}产368.4千克，比对照农虎禾增产10.4%。2012年贵州省黔东南州香禾生产试验，平均每667米^{2}产366.9千克，比对照增产10.7%。适宜在黔东南州黎平、从江、榕江县禾类地区种植。

（四）松辽186

公主岭市松辽农业科学研究所、内蒙古恒正集团保安沼农工贸有限公司选育，审定编号：蒙审稻2017004。

属粳型常规水稻，全生育期145天，株高103厘米，株型紧凑，剑叶角度偏小。穗长 18 厘米，穗粒数 159 粒，结实率 90%。籽粒偏长，颖及颖尖黄色，无芒，千粒重 22 克。2016 年抗性鉴定，高抗叶瘟病（0HR），高抗穗颈瘟病（0HR）。出糙率 83.3%，整精米率 66.2%，垩白粒率 11.6%，垩白度 1.5%，直链淀粉含量 17.1%，胶稠度 76.0 毫米。2014 年参加内蒙古自治区水稻品种区域试验，平均每 667 米^2 产 678.1 千克，比组均值增产 14%。2015 年参加内蒙古自治区水稻品种区域试验，平均每 667 米^2 产 655.2 千克，比组均值增产 4.7%。2016 年参加内蒙古自治区水稻品种生产试验，平均每 667 米^2 产 617.0 千克，比对照增产 15.2%。适宜在内蒙古自治区≥10℃活动积温 2 700℃以上地区种植。

（五）浙辐粳 83

浙江省农业科学院作物与核技术利用研究所、中国科学院遗传与发育生物学研究所、杭州种业集团有限公司选育，审定编号：浙审稻 2017010。

属粳型常规水稻，两年省区试平均全生育期 164.1 天，比对照长 2.9 天，株高 104.2 厘米，长势繁茂，剑叶短挺，叶色绿，弯穗型，结实率较高，稃尖无色，每 667 米^2 有效穗 19.8 万，每穗总粒数 132.9 粒，实粒数 119.3 粒，结实率 89.8%，千粒重 26.7 克。2014—2015 年抗性鉴定，穗瘟损失率最高 3 级，综合指数 2.6；白叶枯病最高 5 级，褐飞虱最高 9 级。2014—2015 年检测，平均整精米率 71.2%，长宽比 1.7，垩白粒率 38%，垩白度 5.2%，透明度 1 级，碱消值 7.0，直链淀粉含量 15.7%，胶稠度 74 毫米，米质各项指标综合评价两年分别为《食用稻品种品质》（NY/T 593—2002）标准的四等和三等。2014 年浙江省单季常规粳稻区域试验平均每 667 米^2 产 635.1 千克，比对照秀水 134 增产 5.1%。2015 年续试，平均每 667 米^2 产 624.1 千克，比对照秀水 134 增产 5.3%。两年浙江省区域试验平均每 667 米^2 产 629.6 千克，比对照增产 5.2%。2016 年浙江省生产试验平均每 667 米^2 产 637.8 千克，比对照增产 4.8%。适宜在浙江省作单季晚稻种植。

二、常规籼稻

（一）八宝谷2号

广南县八宝米研究所选育，审定编号：滇审稻2015008。

属籼型常规水稻，全生育期158.4天，株高112.5厘米，株型紧凑，叶色浓绿，每667米^{2}有效穗19.85万，穗长21.9厘米，穗总粒数131.3粒，穗实粒数109.26粒，结实率83.17%，千粒重27.9克，落粒性适中。出糙率81.2%，精米率72.7%，整精米率48.4%，垩白粒率79%，垩白度9.5%，直链淀粉含量13.3%，胶稠度88毫米，碱消值4.3级，透明度3级，水分含量13.0%。耐肥抗倒。抗性鉴定，中抗稻瘟病（5级）、中感白叶枯病（6级）。参加2012—2013年云南省常规籼稻品种区域试验，两年平均每667米^{2}产588.4千克、比对照增产5.54%，增产点率75%。适宜在海拔1 350米以下地区种植。

（二）山丝苗

广东省农业科学院水稻研究所选育，审定编号：川审稻2015019。

属籼型常规水稻，两年区域试验平均全生育期142.1天，株高平均103.6厘米，株型适中，叶片直立，叶鞘、叶舌、叶耳、柱头白色，颖尖秆黄色。每667米^{2}有效穗平均15.6万，穗长23.9厘米，每穗着粒175.2粒，结实率85.4%，千粒重23.6克。出糙率78.8%，整精米率62.5%，垩白粒率10%，垩白度1.9%，直链淀粉含量16.6%，蛋白质含量9.3%，胶稠度70毫米，米质达国标二级。稻瘟病抗性鉴定，2012年叶瘟5、5、5、5级，颈瘟7、5、7、5级；2013年叶瘟4、4、8、6级，颈瘟7、7、5、5级。2012—2013年参加四川省中籼中熟组区域试验，两年区域试验平均每667米^{2}产535.05千克，比对照增产4.01%；两年区域试验共18点次，平均增产点率78%。2014年生产试验，平均每667米^{2}产537.66千克，比对照辐优838增产4.66%。适宜在四川省平坝、丘陵地区作中熟中稻种植。

（三）惠泽8号

广西壮族自治区农业科学院水稻研究所选育，审定编号：桂审稻2016018。

属籼型常规水稻，全生育期早稻平均121.8天，晚稻平均107.6天，株高108.5厘米，株型适中，叶片窄长，剑叶直立，叶片、叶鞘绿色；穗型一般，着粒较密，谷粒淡黄色，稃尖秆黄色，无芒；每667米^{2}有效穗数17.0万，穗长22.2厘米，每穗总粒数147.0粒，结实率88.4%，千粒重18.1克。抗性鉴定，稻瘟病综合抗性指数6.0级，穗瘟损失率最高级7级；白叶枯病9级；感稻瘟病，高感白叶枯病。出糙率79.1%，整精米率60.0%，垩白米率0%，垩白度0.0%，直链淀粉含量14.8%，胶稠度83毫米。2014年早稻参加常规优质稻组区域试验，平均每667米^{2}产505.3千克，比对照柳沙油占202增产16.44%；2015年晚稻续试，平均每667米^{2}产463.4千克，比对照柳沙油占202增产6.33%；两年试验平均每667米^{2}产484.4千克，比对照柳沙油占202增产11.39%。2015年晚稻生产试验，平均每667米^{2}产455.3千克，比对照柳沙油占202增产11.70%。可在桂北、桂中、桂南稻作区作早、晚稻种植。稻瘟病重发区不宜种植。

（四）红米丝苗

湖南永益农业科技发展有限公司、重庆艾禾农业科技有限公司选育，审定编号：渝审稻20170013。

属籼型常规水稻，全生育期132～160天，生育期平均143.5天，平均株高104.6厘米，株型松散，节外露，叶片直立，分蘖力中等。每667米^{2}有效穗14.6万，穗平均着粒数168.7粒，结实率88.0%，千粒重24.1克。叶鞘绿色，稃尖紫色，柱头紫色，种皮红色。综合抗性指数6.75，抗性病级7级，抗性评价感病。出糙率75.5%，整精米率44.4%，垩白粒率21%，垩白度4.7%，直链淀粉含量14.4%，胶稠度74毫米。两年区域试验平均每667米^{2}产491.95千克，每667米^{2}产402.0～583.8千克，比对照Ⅱ优

838 减产 10.7%；比对照黄华占增产 6.9%。生产示范平均每 667 米^2 产 391.4 千克。适宜在重庆市海拔 800 米以下地区作一季中稻种植。

（五）安糯 2 号

安顺新金秋科技股份有限公司、安顺市农业科学院选育，审定编号：黔审稻 2014014。

属籼型常规糯稻，全生育期两年平均为 154.5 天，平均株高 104.1 厘米，株型松散适中，茎秆粗壮，分蘖强，长势一般。剑叶叶片短、半卷、直立。叶缘、叶耳、叶枕、叶鞘、颖尖紫色。每 667 米^2 有效穗 16.3 万，穗长 20.1 厘米，每穗 123.0 粒，结实率 83.1%，千粒重 25.5 克，无芒，粒型椭圆，穗型大，后期转色好。出糙率 79.8%，整精米率 56.7%，直链淀粉含量 1.5%，胶稠度 100 毫米，达国标优质等级。2011 年稻瘟病抗性鉴定为中感。2011 年初试，平均每 667 米^2 产 479.75 千克，比对照农虎禾（常规糯稻）增产 11.36%。2012 年续试，平均每 667 米^2 产 453.77 千克，比对照糯优 6211（杂交糯稻）减产 16.34%。两年区域试验平均每 667 米^2 产 466.76 千克，比对照减产 4.08%。2012 年生产试验，平均每 667 米^2 产 501.2 千克，比对照（当地常规糯稻）增产 21.99%，3 个试点全部增产。适宜黔中糯稻区种植。稻瘟病常发区慎用。

三、两系杂交水稻

（一）云光 104

云南省农业科学院粮食作物研究所选育，审定编号：滇审稻 2011024。

属粳型两系杂交水稻，平均全生育期平均 177 天，株高 94.7 厘米，株型紧凑，分蘖力强，剑叶直立，穗大粒多，难落粒。穗长 19.6 厘米，穗总粒数 142 粒，穗实粒数 115 粒，结实率 79.8%，千粒重 25.8 克。出糙率 81.2%，精米率 67.8%，整精米率

60.6%，粒长5.3毫米，垩白粒率63%，垩白度4.8%，直链淀粉含量16.2%，胶稠度82毫米，碱消值6.0级，透明度1级。抗性鉴定，感稻瘟病（7级），中抗白叶枯病（3级）。2008—2009年参加云南省杂交粳稻新品种区域试验，两年平均每667米^{2}产637.7千克，较对照滇杂31减产10.8%，文山、保山、建水点比对照增产。2008—2009年在玉溪、陆良、嵩明、保山和楚雄等坝区小面积示范，每667米^{2}产665.8～778.9千克。适宜在云南省红河、文山、保山海拔1 600～1 900米的粳稻区种植。

（二）保粳杂2号

保山市农业科学研究所选育，审定编号：滇审稻2012008。

属粳型两系杂交水稻，全生育期平均173天，株高96.6厘米，每667米^{2}有效穗29.34万，穗长19.8厘米，穗总粒数151.2粒，穗实粒数126.1粒，结实率80.1%，千粒重23.3克。落粒适中，谷粒稍偏长，金黄色，部分籽粒有短芒。出糙率81.6%，精米率71.8%，整精米率62.0%，粒长5.3毫米，长宽比2.0，垩白粒率30%，垩白度2.4%，直链淀粉含量18.8%，胶稠度90毫米，透明度1级，碱消值7.0级，水分含量12.9%，达国标三级。抗性鉴定，感稻瘟病（病级7级）、抗白叶枯病（病级3级），2010年云县穗瘟“中感”。参加2010—2011年云南省粳型杂交水稻品种区域试验，两年平均每667米^{2}产775.47千克，比对照增2.4%，增产点率72.73%。2011年生产试验，平均每667米^{2}产756.9千克、比对照增4.6%。适宜在云南省海拔1 500～1 850米稻区种植。

（三）Y两优1146

重庆大爱种业有限公司选育，审定编号：渝审稻2016001。

属籼型两系杂交水稻，全生育期在海拔400米以下地区148～160天，400米以上地区157～170天，平均156.2天，比对照Ⅱ优838短0.3天，平均株高111.4厘米，株高适中，株型松紧适中，分蘖力强。叶鞘、柱头、稃尖无色。每667米^{2}有效穗数15.2万，穗平均着粒数185.9粒，结实率87.55%，千粒重26.55克。稻瘟病抗性，综合抗性指数6.5，抗性病级7级，抗性评价感病。出糙率79.0%，整精米率49.6%，长宽比3.0，垩白粒率18%，垩白度4.4%，直链淀粉含量15.7%，胶稠度80毫米，属普通杂交稻。两年区域试验12个点增产，1个点减产，产量525～667千克，平均每667米^{2}产595.34千克，比对照Ⅱ优838增产9.3%；生产试验，平均每667米^{2}产606.7千克，比对照F优498增产9.6%，比对照Ⅱ优838增产10.5%，两年区域试验和生产试验增产点率为95.2%。适宜在重庆市海拔800米以下地区作一季中稻种植。

（四）两优6785

贵州省水稻工程技术研究中心、贵州筑农科种业有限公司选育，审定编号：黔审稻2014004。

属籼型两系杂交水稻，全生育期158.9天，比Ⅱ优838早熟0.9天。平均株高108.1厘米，株叶型适中，剑叶直立，分蘖力较强，穗型中等，结实率中等，后期转色较好。每667米^{2}有效穗16.3万，穗长23.9厘米，每穗162.9粒，结实率78.1%，千粒重29.6克，无芒，长粒型，稃尖紫色。出糙率80.7%，整精米率54.3%，长宽比3.0，垩白粒率66%，垩白度7.9%，直链淀粉含量14.1%，胶稠度87毫米。稻瘟病抗性鉴定，2010年综合评价为“感”、2011年为“中感”。2010—2011年耐冷性自然鉴定，综合评价均为“较强”。2010年贵州省区域试验初试，平均每667米^{2}产579.82千克，比对照Ⅱ优838增产6.67%；2011年续试，平均每667米^{2}产653.23千克，比对照Ⅱ优838增产11.28%。两年平均每667米^{2}产616.52千克，比对照增产9.06%。2013年生产试验，平均每667米^{2}产639.11千克，比对照Ⅱ优838增产10.3%。适宜在贵州迟熟杂交籼稻地区种植。稻瘟病常发区慎用。

四、三系杂交稻

（一）滇禾优6612

云南农业大学稻作研究所、云南禾朴农业科技有限公司选育，审定编号：滇审稻 2016015。

属粳型三系杂交水稻，在中高海拔地区全生育期 108～189 天（平均 160 天），株高 96 厘米、株型紧凑，剑叶挺直，穗长 19.3 厘米、剑叶长 33.0 厘米，落粒适中。出糙率 83.2%，精米率 71.7%，整精米率 54.7%，粒长 5.0 毫米，长宽比 1.8，垩白粒率 47%，垩白度 19.9%，直链淀粉含量 16.8%，胶稠度 38 毫米，碱消值 6.8 级，透明度 2 级，水分含量 13.8%。2014 年抗性鉴定，中感稻瘟病（6 级），中感白叶枯病（6 级）。2014—2015 年区域试验，两年平均每 667 米^2 产 717.3 千克，比对照增产 4.54%，增产点率 66.67%。2015 年生产试验，平均每 667 米^2 产 673.50 千克，比对照增产 7.67%，增产点率 100%。适宜在云南海拔 1 550～1 950 米稻作区种植。

（二）毕粳优 3 号

毕节市农业科学研究所选育，审定编号：黔审稻 2016012。

属粳型三系杂交水稻，全生育期 160.7 天，比对照滇杂 31 早熟 0.6 天。平均株高 103.4 厘米，株叶型适中，剑叶直立。分蘖力较强，穗型较大，结实率较高，后期转色好。茎秆较粗壮，叶色浓绿，叶缘、叶鞘无色。每 667 米^2 有效穗 17.51 万，穗长 20.97 厘米，每穗 187.22 粒，结实率 79.57%，千粒重 24.59 克，无芒，粒型椭圆，颖尖无色。出糙率 85.1%，精米率 76.8%，整精米率 68.1%，垩白粒率 42%，垩白度 5.1%，粒长 6.2 毫米，长宽比 2.6，直链淀粉含量 17.3%，胶稠度 71 毫米，碱消值 7.0，透明度 1 级。2014 年和 2015 年稻瘟病自然鉴定，抗性指数分别为 1.3 和 1.0。2014 年贵州省区域试验，粳稻组平均每 667 米^2 产 517.02 千克，比对照滇杂 31 增产 9.46%；2015 年续试，平均每 667 米^2 产 559.83 千克，比对照滇杂 31 增产 7.35%。两年平均每 667 米^2 产 538.43 千克，比对照增产 8.35%。2015 年生产试验，平均每 667 米^2 产 485.80 千克，比对照滇杂 31 增产 22.3%。适宜在贵州省粳稻种植区种植。

（三）川优1727

四川省农业科学院作物研究所选育，审定编号：川审稻20170010。

属籼型三系杂交水稻，两年区域试验平均全生育期121.5天，比对照汕窄8号短2.8天，株高104.9厘米，株型适中，叶片较窄，剑叶直立，叶鞘、叶片绿色，叶舌、叶耳白色。平均每667米^{2}有效穗15.8万，穗长23.9厘米，每穗着粒146.9粒，结实率84.6%，千粒重28.9克。出糙率79.2%，整精米率61.3%，长宽比3.3，垩白粒率21%，垩白度2.0%，直链淀粉含量21.9%，蛋白质含量7.7%，胶稠度66毫米，米质达到国标二级。稻瘟病抗性鉴定，2014年叶瘟5、4、5、5级，颈瘟7、7、5、7级；2015年叶瘟6、5、6、5级，颈瘟5、7、7、7级。2014年参加四川省水稻中籼早熟组区域试验，平均每667米^{2}产523.93千克，比对照汕窄8号增产8.74%；2015年中籼早熟组续试，平均每667米^{2}产541.3千克，比对照品种增产9.62%；两年平均每667米^{2}产532.62千克，比对照品种增产9.18%。2016年在新都、彭州、崇州、什邡、江油进行生产试验，平均每667米^{2}产527.48千克，比对照汕窄8号增产4.68%。适宜在四川川西平原作早熟搭配品种种植。

（四）忠优480

重庆皇华种业股份有限公司选育，审定编号：渝审稻20170017。

属籼型三系杂交水稻，在海拔800米以上地区全生育期141～191天，平均166.2天，比对照Ⅱ优838短8.0天，比对照汕窄8号长7.6天。平均株高108.6厘米，株型松散适中，叶色淡绿，分蘖力中等。每667米^{2}有效穗13.0万，穗平均着粒数177.9粒，结实率85.4%，千粒重25.3克。叶鞘、稃间、柱头均无色。出糙率81.0%，整精米率67.5%，长宽比2.9，垩白粒率6%，垩白度0.5%，直链淀粉含量16.2%，胶稠度66毫米，米质达到国标二级。综合抗性指数4.5，抗性病级5级，抗性评价中感。两年区域试验，平均每667米^{2}产444.4千克，比对照Ⅱ优838增产2.6%，比对照汕窄 8 号增产 9.7%；生产试验，平均每 667 $米^2$ 产 515.1 千克，比对照Ⅱ优 838 增产 4.3%，比对照汕窄 8 号增产 12.2%。适宜重庆市海拔 800 米以上地区作一季中稻栽培。

第四节　水稻栽培

一、稻种选择

在生产中选择更换稻种时应更换纯度好、种性强的优良稻种，并保持相对稳定。更换新品种时要选择经过试验、示范和丰歉年测产考验，经过省级以上品种审定委员会或专家认定的品种，先保证稳产再追求高产，实现安全生产，稳粮增收。根据不同稻作区的海拔、气候、水分及光热条件，选择适宜本稻作区生态环境条件、熟性好、耐肥、抗病、抗倒伏、穗大粒多、品质优良、稳定高产的品种。

（一）根据自然条件选择稻种

根据积温高低、年均降水量充沛程度、水资源丰盈程度、生育期长短、土壤供肥能力状况、病虫害发生特点等情况选择良种。在低温冷害易发地区应选用抗低温冷害强的品种；在水源不足地区应选择耐旱品种；在土质肥沃、自流灌溉区应选择耐肥抗倒伏品种；在盐碱地带应选用耐盐碱的品种；在稻瘟病易发区应选用抗病性强的品种。与此同时，要尽量结合当地自然气候特点，做到早、中、晚稻合理搭配，提高稻田地的利用效率和水稻的产出率。

（二）根据栽培模式选择稻种

水稻栽培模式一般采用大棚旱育秧和钵体育秧，通常为超稀植栽培。在选择品种时应尽量选择穗型偏大、抗逆性强、分蘖力高、丰产性好、营养价值高、米质优良的水稻优良品种。

（三）根据成熟期长短选择稻种

不同水稻品种的生长期不同，在选择水稻品种时要因地制宜，根据各种农业气候带选择相应生长期的水稻品种。通常以成熟期来确定水稻品种的选择，既不能选用过早成熟品种，也不能选用超晚熟品种。

（四）选购具有质量保证的稻种

在选购稻种时一定要从正规渠道选购，在具有种子销售许可证、种子质量合格证、合法营业执照的稻种销售主体处选购稻种；选择国家已经审定推广的优良品种，可有效防止购买假种、劣种和不合格品种；选择标准化和规范化良种，如良种包装、合格证、说明书、标签、名称、品种特性、适应范围、注意事项等要一应俱全。

二、水稻育秧方式

水稻栽培分育秧和栽培（秧苗移植）两个阶段，育秧是水稻生产的一个重要环节。水稻育秧根据所处地域、气候、民间习惯等多种因素的不同可分为湿润育秧、塑料薄膜保温育秧、水育秧及旱育秧等多种方法。

（一）露地湿润育秧

湿润育秧是在水育秧的基础上加以改造的一种露地育秧方法，大多应用于中稻、一季稻和双季晚稻，是我国水稻生产最主要的育秧方式。其主要特点是深沟高畦面，沟内留水，以确保畦面充分湿润，达到协调水气，促进种子发芽和幼苗生长的目的，对防止种子霉烂也有较好的功效。此种方法育秧，新长出的稻根可以直接伸入泥土中，扎根快且不易倒苗，能抗风雨。

（二）地膜保温育秧

塑料薄膜育秧是在湿润育秧的基础上，在畦面上加盖塑料薄膜的一种育秧方法，大多应用于早播早插的绿肥茬早稻。这种育秧方法可以保持和提高畦面温度及湿度，有效防止烂种。一般膜内温度比露地秧田要高出 4～6℃，播种时间可比露地秧田提早 10～15 天。此种方法育秧能保温增湿，有效防止土壤返盐，种子发芽快，幼苗生长粗壮。盖膜方式有平铺和拱形等多种方式，可根据实际需要，因地制宜作出选择。

（三）水育秧

秧田以淹水管理为主，即水整地、水作床，带水播种，出苗全过程除防治绵腐病、坏种烂秧及露田扎根外，一直都建立水层。利用水层防除秧田杂草并调节水、肥、气热、盐分，以满足秧苗生长所需。因秧田长期浸泡在水中，土壤中氧气不足，根系易被还原物质硫化氢毒害，若疏于管理，遇低温冷冻天气易引发烂秧。水育秧要根据不同地域、不同季节做好蒙头水期、排水扎根期、浅水齐苗期、排水炼苗期等几个关键阶段的水层管理。

（四）旱育秧

旱地育秧是在旱地条件下育秧，苗期不建立水层，主要利用土壤底层水分和浇水培育秧苗。用旱育秧的方式培育秧苗，具有秧苗健壮、便于管理、抗旱能力及抗风雨能力强等特点。旱育秧重点要做好秧田选择、秧田整理、施肥、调酸、消毒、播种、温度调节、水分补给、病害防治等几个环节的工作，做到选址适当、秧田规范、温度适宜、水分充足、施肥适度、调酸适中、消毒有效、防病及时。

三、稻田整地

稻田整地是实现水稻高产的基础作业，实践充分证明，若稻田耕整得当，能使水稻稳产、高产；若整地不当，即便是稻田肥力条件很好，也会出现僵苗或死苗，导致严重减产减收，故整地环节非常重要。

（一）整地目的

整地的目的是确保稻田土层深厚、松软、肥沃和平整，为水稻生长奠定良好的水、肥、气、热基础，以确保丰产丰收。

（二）整地原则

稻田整地总的原则是田面平整，土肥相融，土壤膨软，无杂草残茬，无大土块，便于插秧和插秧后早生快发。

（三）整地要求

利用犁、耙、旋耕机等人力或机械作用，结合施肥、灌溉和合理轮作等农业技术措施，调节和改变稻田土壤的物理、化学性质，为水稻正常生育提供良好的土壤环境。

1. 田面平整

平整稻田是水稻栽培的基础，平整稻田利于浅水灌溉并确保均匀灌溉，便于晒田排水，利于均匀生长，整田高低一般不超过 3 厘米。

2. 土壤细碎

通过整地细碎土壤，提升土肥融合程度。

3. 深度适宜

稻田耕翻深度因季节和土质条件差异有不同要求，秋耕宜深，春耕宜浅，土层厚的黑土宜深，土层薄、肥力低的黄土宜浅，一般深度以 17～22 厘米为宜。

4. 整地适时

稻田耕翻一般分为秋耕和春耕。

（四）整地方法

根据无水干燥状态下的常规旱地和泡田后的有水湿润或泥浆状态下的水整地条件不同，整地方法各异。

1. 旱地整地

旱地整地步骤包括平地、耕翻、旱耙及施肥等。北方的单季稻与麦茬稻，南方冬闲田与冬干田一般采用旱整地，又可分为春整地和秋整地。春整地一般为旱翻、旱耙、旱平，低洼存水地、漏水地和较严重的盐碱地可采用旱翻水耙、水耕水耙、带水旋耕或带水压耙方法整地。秋整地主要为秋季旱翻、旱耙，有利于土壤熟化，节省泡田用水。

2. 水整地

水整地包括水耕、水耙、带水旋耕及带水压耙等方法。南方的绿肥田和冬作田一般采用水整地。在水整地中，关键环节是水耙环节，水耙将充分泡水饱和的土壤进行搅拌耕耙，达到适合插秧的土壤要求。水整地要做到“上糊下松”，泥烂适中，有水有气，埂直如线。

四、水稻插秧

（一）栽插期选择

栽插秧苗应适时早插，以提高栽插质量。适时早插可充分利用生长季节，延长稻田中秧苗生长的营养成分供给时间，促进早生早发，早熟高产。水稻移栽期和前茬作物熟期、品种、气候条件、土质、秧龄、机械化程度、劳力需求等因素关系密切，温度条件尤其重要。大量实践证明，日平均温度14～15℃是水稻插秧的低温临界温度。

（二）秧苗规格

秧苗规格对水稻整个生长期都有重要影响。根据水稻生产实践，秧苗规格一般分为小苗、中苗和大苗三种。小苗2～3叶，株高8～12厘米；中苗3～4叶，株高13～18厘米；大苗4～5叶，株高20～25厘米。

（三）移栽方法

水稻秧苗移栽方法大体有两种：一种是机械插秧，另一种是人工插秧（彩图4）。在坡度较陡的山村稻作区，难以实现机械作业，一般采用传统手工栽插方式，在比较平整的稻作区多采用机械栽插方式。

1. 手工插秧

手工拔秧插秧是最传统、最普遍的栽秧方式，适宜各种育秧方式的秧苗栽插。手工插秧时应尽量避免伤及秧苗，注意提高拔秧和栽插质量。插秧要做到浅、匀、直、稳。浅插能促进分蘖节位降低，早生快发；匀是指行株距规格要均匀，每穴苗数要匀，栽插深浅要匀；直、稳就是要求栽直栽稳，尽量避免浮秧。

2. 机械插秧

机械插秧是实现水稻生产机械化的主要措施之一，也是提高劳动生产率、降低成本、扩大规模、促进水稻生产发展的重要措施，适宜各种育秧方式的秧苗栽插，具有工效高、成本低、劳动强度低等优点。机械插秧的技术要求为：一是插秧深度要求均匀一致，一般洗根大苗栽插的深度以 3～4 厘米为宜，带土小苗栽插深度控制在 1～2 厘米；二是要求插稳插直，孔穴小，不侧苗，不浮秧；三是要求株距与行距合适，每穴株数均匀和适当，一般比手插多 1～2 株；四是要减少漏插、浮秧及损伤秧苗。

（四）栽插密度

栽插基本秧苗受诸多因素影响，生育期长的水稻品种宜稀，生育期短的宜密；叶片松散的水稻品种宜稀，叶片紧凑的宜密；壮秧宜稀，弱秧宜密；大穗型水稻品种宜稀，多穗型宜密；早插宜稀，晚插宜密；肥力高的田块宜稀，肥力差的田块宜密。我国大部分稻作区栽插密度常规稻通常每公顷基本苗数为 135 万～300 万，山区型稻田每公顷基本苗数多为 132 万～180 万；杂交稻等大穗型品种采用稀播壮秧，包括分蘖在内的基本苗通常为 75 万～150 万，山区型稻田每公顷基本苗数多为 42 万～60 万。大量实践证明，水稻少本稀植，适当降低基本苗数，可以有效改善群体结构，发挥个体大穗优势，利用秧田或本田分蘖，增加穗数组成中的分蘖穗比重，从而获得高产。

第五节　稻田除草

我国不同地区气候、土壤、耕作条件各不相同，各地稻田杂草种类、发生情况各异。热带和亚热带草害区，包括海南、福建、云南、广西岭南地区、广东，主要杂草有稗草、异型沙草、节节菜、千金子、鸭舌草、草龙等；中北部亚热带草害区，包括江西、福建北部、湖南南部、湖北、安徽、江苏、四川北部、陕西和河南南部，主要杂草有稗草、牛毛毡、眼子菜、水苋菜、异型沙草、双穗雀稗、千金子、碎米沙草等；暖温带草害区，包括安徽北部、江苏、河南中北部、陕西秦岭以北、长城以南及辽宁南部，主要杂草有稗草、异型沙草、野慈姑、鲤肠、眼子菜等；温带草害区，包括东北三省、华北北部、西北，主要杂草有稗草、异型沙草、眼子菜、牛毛毡等；云贵高原草害区，包括云南、贵州、四川西部地区，主要杂草有稗草、鸭舌草、四叶萍、泽泻、牛毛毡、异型沙草等。

水稻生长需具备良好的光照条件、肥力条件及适宜空间，稻田中的杂草同水稻争光、争肥、争空间，导致水稻生长不良，产量和品质下降，同时也是许多病虫害的中间寄主。为有效控制稻田杂草危害，确保水稻正常生长，根据不同稻作区水稻的不同栽培模式、不同杂草类型、不同除草剂种类和施用方法，主要采取以下化除技术。

一、直播稻田化除技术

（一）播期封杀

播期封杀采用播前处理和播后处理两种方法。

1. 湿封法

田块平整后，趁混水每公顷用12%农思它（恶草酮）乳油3 000～3 750毫升，将原瓶装农思它瓶塞开洞均匀甩施全田，药后3～4天排水播种，或每公顷用50%丁草胺乳油2 250～3 000毫升，兑水450千克均匀喷雾，药后田间保浅水层3～5厘米，封足3天后放水播种，要求做到田块平整一致，不露泥头。

2. 干封法

稻谷播后1～3天，趁田间湿润时每公顷用30%苄嘧·丙草胺（亮镰）可湿性粉剂1 500克兑水450千克，对秧板均匀喷雾。需要注意的问题是稻谷一定要催长芽播种，田面必须平整，药后田间保持湿润，并开好沟系，防止雨后积水。

（二）苗期茎叶处理

秧苗三叶期每公顷用69%苄嘧·苯噻酰可湿性粉剂（双超）1 050克结合追肥，拌肥撒施，药后保水层3天以上，开好“平水缺”防止水淹秧苗。

二、机插秧稻田化除技术

（一）移栽前封杀

田块平整后，趁混水每公顷用12%农思它（恶草酮）乳油3 000～3 750毫升，将原瓶装农思它瓶塞开洞均匀甩施全田，药后3～4天排水机插，或每公顷用50%丁草胺乳油2 250～3 000毫升，兑水450千克均匀喷雾，药后田间要求保浅水层3～5厘米，封足3天后放水机插，要求做到田块平整一致，不露泥头。

（二）茎叶处理

机插后5～7天，每公顷用69%苄嘧·苯噻酰可湿性粉剂（双超）1 050克结合追肥，拌肥撒施，药后保水层3天以上，并开好“平水缺”，防止水淹秧苗。

三、补救措施

对前期除草效果差，化除后杂草发生量仍较大的田块，应采取相应补救措施。

（一）稗草为主的田块

稗草2～3叶期，每公顷用25克/升五氟磺草胺油悬浮剂（稻杰）600～900毫升，兑水450千克喷雾。需要注意的问题是药前先排干水，药后1天上水，保水3天，禁止超量喷雾，造成药害。

（二）莎草较多的田块

播后30天左右或栽后20天左右，每公顷用10%吡嘧磺隆可湿性粉剂（草克星）300～450克，兑水450千克喷雾，进行茎叶处理。

（三）阔叶杂草多田块

每公顷用460克/升谷欢可溶液剂（二甲·灭草松）1 995～2 505毫升兑水450千克，针对杂草均匀喷雾，药前先排干水，隔1天灌水正常管理。

（四）千金子为主的田块

在千金子 2～3 叶期，每公顷用 100 克/升氰氟草酯乳油（千金）900～1 050 毫升，兑水 450 千克，采用针对法进行茎叶喷雾，施药前 1 天排干水层，药后 1 天可正常水浆管理。

四、用药注意事项

一是严格按照操作程序用药，做到药剂和药量准确；二是用药后田块漏水应及时补充注水，避免影响药效；三是田面平整，大田用药后水层不能过深，避免产生药害；四是除草后应及时清洗施药用具。

第六节　水稻施肥

一、水稻需肥规律

水稻是需肥较多的作物之一，通常每生产稻谷 100 千克需氮 1.6～2.5 千克、磷 0.8～1.2 千克、钾 2.1～3.0 千克，氮、磷、钾的需肥比例大致为 2∶1∶3。

水稻分蘖旺期和抽穗开花期对氮吸收量达到高峰。施用氮肥能提高淀粉产量，而淀粉产量与水稻籽粒大小、产量高低、米质优劣成正比。如果抽穗前供氮不足，就会造成籽粒营养减少，灌浆不足，降低稻米品质。

水稻对磷的吸收在各生育期差异不大，分蘖至幼穗分化期吸收量最大。磷肥能促进根系发育和养分吸收，增强分蘖，增加淀粉合成，促进籽粒充实。

水稻对钾的吸收主要是穗分化至抽穗开花期，其次是分蘖至穗分化期。钾是淀粉、纤维素合成和体内运输时必需的营养，能提高根的活力、延缓叶片衰老、增强抗御病虫害的能力。

此外，硅和锌两种微肥对水稻产量和品质影响较大。水稻茎叶中含有10%～20%的二氧化硅，施用硅肥能增强水稻对病虫害抵抗能力和抗倒伏能力；锌肥能增加水稻有效穗数、穗粒数、千粒重等，降低空秕率，对石灰性土壤的作用较为明显。硅、锌肥施用在新改水田、酸性土壤以及冷浸田中作用更加明显。

二、水稻施肥时期

针对水稻各生长阶段的吸肥特点，结合产量构成因素，为达到高产丰产目的，必须准确掌握施肥期。水稻施肥期可分为基肥、分蘖肥、穗肥和粒肥四个时期。

（一）基肥

基肥在水稻移栽前施入土壤，基肥占化肥总量的40%，结合最后一次耙田施用。每公顷约施300千克撒可富水稻肥或类似复合肥作为基肥，或施用厩肥、堆肥、沤肥作为基肥。

（二）分蘖肥

分蘖期是增加株数的重要时期，分蘖肥在移栽或插秧后半个月左右，秧苗在5～6叶期结合降雨或灌水施用。每公顷约施300千克撒可富水稻肥或类似复合肥。

（三）穗肥

穗肥可分为促花肥和保花肥。促花肥是在穗轴分化期至颖花分化期施用，此期施氮可增加每穗颖花数；保花肥在花粉细胞减数分裂期稍前施用，具有防止颖花退化和增加茎鞘贮藏物积累的作用。穗肥每公顷约施用150千克撒可富复合肥或类似复合肥。

增加穗数的关键在于防止后期分蘖的死亡，而不是促进生长更多分蘖。如果肥力较足，插苗较多，分蘖肥施用过早过多，总茎蘖数多，成穗率低。保蘖肥比促蘖肥增穗明显。

（四）粒肥

粒肥具有延长叶片功能、提高光合强度、增加粒重、减少空秕粒的作用。根据水稻生长特点，在粒期（抽穗后）还需吸收一定数量氮肥，群体偏小的稻田及穗型大、灌浆期长的品种，可施用少量的尿素，但切不可偏氮，以免贪青晚熟。通常除稻田肥力较高或抽穗期肥效充足的田块外，齐穗期追施氮肥或叶面喷氮或磷酸二氢钾对提高结实率，增加粒重均有良好的效果。

三、水稻主要施肥方法

（一）前轻、中重、后补法

施足基肥和分蘖肥，合理施用穗肥和粒肥，达到早生稳长，前期不疯，中期促花，后期不早衰的目的。此施肥法在保证足够穗数基础上，兼攻大穗和粒重。南方单季晚稻和迟熟中稻大多采用此施肥方法。

（二）前稳、攻中法

该方法主要为提高有效分蘖率、攻大穗提高结实率、增加粒重争高产。其特点为壮株大蘖小群体，前期控蘖；壮秆强根，中攻大穗，中后攻结实率和穗重。

（三）前促、中控、后补法

重施基肥（占总量80%以上）并重施分蘖肥，根据需要酌施粒肥，达到“前轰、中稳、后健壮”的目的。南方早稻大部分、东北稻区、华北地区麦茬稻等大都采用这种施肥法。

（四）前促施肥法

在施足底肥（以农家肥为主）基础上，早施、重施分蘖肥，特别是要施足氮肥，促进分蘖早生快发，确保增蘖多穗。底肥占总肥量的70%（氮肥占总氮量的60%～80%），其余30%肥料在移栽返青后全部施下。

（五）测土配方施肥法

为协调作物产量与农产品品质和土壤肥力与作物环境之间的相互关系，根据土壤养分测定结果及作物一生所需各种养分的多少，科学搭配各种养分比例及施用量，合理供应，满足作物一生所需养分，起到增产、增效的作用，同时可减少施肥量，降低成本，减少对环境的污染，减轻土壤板结及病虫害。

第七节　水稻灌溉

一、水稻需水情况

水稻基本需水可分为生理需水和生态需水。水稻生理需水是指直接用于水稻正常生理活动及保持体内水分平衡所需的水分，光合作用和蒸腾作用是水稻生理耗水两大主要形式。水稻生态需水是指用于调节温度、湿度、空气、养料，抑制杂草等生态因子，创造适于水稻生长发育的田间环境所需水分，主要包括水稻生长期间叶面蒸腾、株间蒸发及地下渗漏水量，其中叶面蒸腾、株间蒸发合称为蒸发量。

（一）蒸发量

蒸发量的大小与气候条件和栽培措施有直接关系。不同稻作区自然气候条件不同和季节气候差异，水稻蒸发量也不尽相同，甚至差异较大。我国长江以南稻作区降雨量多，湿度大，相应的蒸发量小；长江以北稻作区降雨量少，空气干燥，蒸发量大。相对于不同稻作季节而言，雨季降雨量多，空气湿度大，蒸发量小；旱季因降雨量少，空气干燥，蒸发量大。对不同水稻生长期而言，返青期、分蘖初期叶面积较小，荫蔽度也较小，稻田对太阳辐射能反射率大，吸收小，这一时期蒸发强度小；随着叶面积逐渐增大，田间荫蔽度增大，太阳辐射能的反射率减少，吸收率增大，蒸发强度随之增大；至稻田全封垄后孕穗、抽穗开花期，太阳辐射能吸收达到最大值，蒸发强度最大；灌浆结实期稻株下部叶片逐渐枯黄，蒸发量逐渐下降。

（二）稻田土壤渗漏量

稻田土壤渗漏量包括田埂侧面渗漏和田底渗漏两种。由于蚯蚓、泥鳅、蚁等穿孔，或新筑田埂不实，会出现田埂侧面渗漏，可通过堵塞孔洞和夯实田埂的方法加以解决。田底渗漏主要是土壤砂性较大、土壤结构性差等原因。地下水位较低，或新稻田没有形成犁底层，或老稻田深耕破坏了犁底层，也会造成田底渗漏。渗漏可以把上层水中溶解的氧气带入土壤下层，可降低土壤还原性，减少有毒物质累积，为微生物活动和分解有机物提供耗氧，同时为水稻根系提供养分，适当渗漏量是丰产土壤的一项重要特性。与此同时，稻田渗漏量过大将引起干旱，不利于水稻生长，将渗漏量控制在合理范围内是稻作技术的基本要求。

二、水稻灌溉

（一）水稻不同生育期灌溉要求

灌排水的目的在于调节稻田水分状况，满足水稻生理和生态需水要求。做好田间灌溉应掌握水稻不同生育期稻田水分需求范围，针对水稻不同生育期实施田间灌溉。

1. 插秧期

插秧时稻田田水不宜过多，早稻、中稻水层可相对浅些，双季晚稻可相应深些，一般以 3～5 厘米为宜，要根据水稻栽插季节不同合理控制水层，这样便于掌握秧苗栽插的株距、行距及深浅。

2. 返青期

水稻返青期稻田应保持较深水层，一般以苗高的 1/3 为宜，以便为秧苗正常发育提供温度、湿度稳定的环境，促进秧苗早发新根，加速秧苗返青。早栽的秧苗，因气温较低，白天应灌浅水，夜间应灌深水，寒潮来时应适当深灌防寒护苗。返青期若遇阴雨天，应浅水或湿润灌溉。

3. 分蘖期

稻苗长至 4 片叶后开始分蘖，插秧返青后进入分蘖阶段。分蘖期以浅水与湿润灌溉相结合为宜。适宜水稻分蘖的田间水分状况是土壤含水高度饱和到有浅水之间，以促进分蘖早生快发，随着水层加深，水稻分蘖会受到抑制。有效分蘖末期，多采用排水晒田的方法来抑制无效分蘖。

4. 幼穗发育期

稻穗发育过程是水稻一生中生理需水的临界期，加之晒田复灌后稻田渗漏量增大，此期间需水量占全生育期的 30%～40%，宜采用水层灌溉，淹水深度不宜超过 10 厘米，维持深水层的时间也不宜过长。

5. 出穗开花期

出穗开花期对稻田缺水的敏感程度一般较高，特别是花粉母细胞减数分裂期，对水分尤其敏感。此期间要求空气的相对湿度为 70%～80%，因此需要稻田保持一定水层。若遭受干旱，轻则影响花粉和柱头的活力，重则出穗及开花困难，并将导致空秕粒增加，一般要求水层灌溉。在中稻出穗开花期常遇高温危害的地区，稻田保持水层，可明显减轻高温对水稻发育的影响。

6. 灌浆结实期

抽穗后水稻开花受粉，籽粒开始灌浆，此期是谷粒充实期，谷粒中的物质绝大部分是出穗后光合作用的产物，少部分是前期积累的物质转移到谷粒中。灌浆结实期要处理好争取粒重和防止叶片及根系早衰的矛盾，一般应干湿交替，以湿为主，增加土壤氧气，提高根系活力，防止早衰和湿润灌溉，保持叶片活力，延长叶片功能期，促进光合产物向籽粒运转，增加粒重。

7. 蜡熟期

水稻进入蜡熟期（黄熟期）后，所需水分减少，通常不宜再灌溉，但前期应保持土壤有 80%左右的含水量，以不间断叶、叶鞘及茎养分输送和籽粒的干物积累。北方的单季稻和南方的双季晚稻应适当延迟排水，增加土壤湿度和温度；南方双季早稻蜡熟期（黄熟期）不能使稻田土壤过干，需保留一定水分。

三、水稻晒田

水稻晒田是水稻增产促早熟的主要技术措施之一。水稻晒田可以改善土壤环境，增强根系活力，控制无效分蘖、巩固有效分蘖，协调营养生长与生殖生长，降低田间温度、抑制病虫危害。水稻晒田程度和方法根据土壤、施肥和水稻长势等情况而定，要因地制宜，适时、适度。

（一）晒田时间及方法

晒田一般多在水稻对水分反应不甚敏感时期进行，分蘖末期至拔节初期是晒田的适宜时期。晒田过早会影响有效分蘖的产生与生长，晒田过晚则新分蘖过旺生长，延迟幼穗分化速度。当田间有1/3左右植株拔节时，应停止晒田，保证幼穗分化期对水分的需求，促进幼穗分化生长发育。晒田时间一般为5～7天，轻晒田块，要达到田面开细缝，用脚踩田面不粘泥；中晒的田块，晒到田面出现鸡爪状裂纹；重晒的田块，要达到白根外露，叶色褪淡，叶片直立即可。

（二）晒田标准

1. 禾苗

茎数足、叶色浓、长势旺盛的稻田要早晒田、重晒田，反之应迟晒田和轻晒田；禾苗长势一般，茎数不足、叶片色泽不十分浓绿的采取中晒、轻晒或不晒。

2. 天气

晴天气温高、蒸发蒸腾量较大，晒田时间宜短，阴雨天气要早晒，时间宜长些。晒田要求排灌迅速，晒要彻底，灌要及时。若晒田期间遇到连续降雨，应疏通排水，及时将雨水排出，确保不积水。晒田后复水时，不宜马上深灌、连续淹水，要采取间歇灌溉，逐渐建立水层。

3. 土质

肥田、低洼田、冷凉田宜重晒田，瘦田、高岗田应轻晒田。碱性重的田可轻晒或不晒。土壤渗漏能力强的稻田，采取间歇灌溉方式，通常不晒田。稻草还田，施入大量有机肥，发生强烈还原作用的稻田必须晒田。

4. 水源

地势低洼，地下水位高，排水不良，7—8月出现冒泡现象的烂泥田必须晒田。

5. 肥力

对于施肥量过大、长势比较旺盛的稻田，要适时晒田。

第八节 水稻常见病虫害防治

一、水稻常见病害防治

（一）稻瘟病

稻瘟病又名稻热病，根据受害时期和部位不同，可分为苗瘟、叶瘟、穗颈瘟、枝梗瘟、粒瘟等。

主要防治方法：播种前通常用50%的多菌灵1 000倍液浸种2天左右；发生苗瘟初期以稻瘟灵和三环唑混合施用进行防治；水稻分蘖期开始，在发现发病中心或叶上急性型病斑时，每公顷用40%稻瘟灵可湿性粉剂900～1 125克兑水450千克喷雾；在抽穗期主要进行穗颈瘟、枝梗瘟预防，破肚期和齐穗期是最适宜的防治时期，每公顷用75%三环唑可湿性粉剂300～375克兑水600～750千克进行喷雾，或每公顷用40%稻瘟灵可湿性粉剂1 125～1 500克兑水450千克喷雾。

（二）水稻纹枯病

发病时叶鞘产生暗绿色水浸状边缘的模糊小斑，后渐扩大呈椭圆形或云纹形，发病严重时数个病斑融合形成大病斑，呈不规则状云纹斑，常致叶片发黄枯死；叶部发病快时病斑呈污绿色，叶片很快腐烂。茎秆受害常不能抽穗，高温条件下病斑上产生一层白色粉霉层。

主要防治方法：合理密植，合理灌水，浅水勤灌，适度晒田，降低田间湿度；打捞菌核，减少菌源；施用氮肥的同时增施磷钾肥；在封行至成熟前喷施30%菌核净WP 800～1 000倍液混合赛生海藻酸碘喷施3～4次。

（三）水稻白叶枯病

发病初期在叶缘产生半透明黄色小斑，之后沿叶侧或叶脉发展成波纹状的黄绿或灰绿色病斑，数日后病斑转为灰白色，并向内卷曲。空气潮湿时新鲜病斑叶缘上分泌出湿浊状水珠或蜜黄色菌胶，干涸后结成硬粒，容易脱落。

主要防治方法：于发病初期每公顷用叶枯唑 450～600 克兑水 450 千克喷雾；在大风、暴雨、洪涝等灾害后，水稻叶片受损时，应及时喷施叶枯唑，以防止病情暴发。

（四）水稻条纹叶枯病

在水稻生长初期，水稻心叶及心叶下的第一叶片出现褪绿的黄色斑纹线，后逐渐扩展至不规则的黄色长条纹，心叶扭卷或枯死，最后全株枯死；在水稻生长后期，剑叶及剑叶鞘褪绿成黄色或黄白色，病穗常紧包于叶鞘内不易抽出，成枯孕穗，水稻不能正常结实，对水稻产量影响很大。

主要防治方法：耕翻种植，降低灰飞虱越冬数量；清除路边、沟田边杂草；选用抗病品种；避免偏施氮肥，增施德孚尔滴灌冲施肥；秧田期和本田前期每亩用 50%速灭威 1 000 倍液 750 千克，或 2%叶蝉散粉剂 30 千克兑水喷雾防治。

（五）水稻胡麻斑病

属真菌病害，全国各稻作区均有发生。一般由于缺水缺肥等引起水稻生长不良时发病严重。种子芽期芽鞘变褐，芽未抽出即子叶枯死。苗期叶片、叶鞘发病时病斑扩大连片成条形，病斑多时秧苗枯死。成株叶片染病边缘褐色，严重时连成不规则大斑。病叶由叶尖向内干枯，呈褐色，死苗上产生黑色霉状物。叶鞘上染病水渍状，后变为中心灰褐色不规则大斑。穗颈和枝梗发病受害部暗褐色，造成穗枯。谷粒染病灰黑色扩至全粒，造成秕谷。

主要防治方法：良种消毒，避免偏施氮肥；20%井冈霉素可湿性粉剂 1 000 倍液混合花果医生果能多元素喷施。

（六）水稻稻曲病

稻曲病只发生在水稻穗部，危害部分谷粒。发病初期在谷粒内形成菌丝体，逐渐增大，使内外颖张开，露出淡黄色块状物，即病菌孢子座。

主要防治方法：选择抗病品种；进行种子消毒，消毒方法同稻瘟病、纹枯病；结合纹枯病防治，在封行后至成熟前喷施井冈霉素3～4次。

（七）水稻恶苗病

本病从苗期至抽穗期均可发生，病苗颜色呈淡黄绿色，比健苗细高，叶片狭长，根部发育不良。病菌在病稻谷草上越冬或种子本身带菌，成为初侵染源，病菌从伤口浸入幼苗茎基部，通过灌溉水和雨水传播。

主要防治方法：选用不带病品种，避免病田及其附近田块留种；对种子进行消毒，可用权百克、多菌灵、强氯精等进行消毒处理；及时拔除病株。

（八）水稻烂秧

烂秧为烂种、烂芽和死苗的统称，是生理性病害或由真菌引起的传染性烂秧。

生理性烂秧：烂种，即播种后种子不发芽而逐渐发黑腐烂；烂芽，即根以前，幼芽跷脚，黑头黑根，以至腐烂死亡；死苗，即幼苗在2～3叶期死亡。

传染性烂秧：青枯死苗。病株最初叶尖停止吐水，后心叶突然萎蔫，卷成筒状，直至全株呈污绿色而枯死；病株根系呈暗色，根毛稀少。黄枯死苗。下部叶片由叶尖向叶基逐渐变黄，向上部叶片蔓延至心叶，最后植株基部变褐软化，直至全株呈黄褐色而枯死；病株根系呈暗色，根毛稀少，根易拔起。

主要防治方法：选用良种并进行消毒，选择晴天播种；选用德孚尔滴灌冲施肥，增施磷肥；科学管水，调控温差；苗床保持芽期湿润，确保土壤中氧气充足，秧苗一叶一心至三叶期时，田间出现叶尖不吐水和零星卷叶时及时喷药，用50%敌克松可湿性粉剂1 000倍液混合花果医生果能多元素喷雾，若病情较重，应适当增加用药量。

（九）水稻矮缩病

谷粒被侵染后，起初症状不明显，与正常谷粒无异，到发病中后期表现出症状，症状有3种类型：谷粒色泽暗绿色，外观似青秕粒，不开裂，手捏有松软感，浸泡清水中变黑色；谷粒色泽正常，外颖背线近护颖处开裂，现出红色或白色舌状物，颖壳黏附黑色粉末；谷粒色泽正常，颖间自然开裂，露出黑色粒状物，手压质轻，如遇阴雨湿度大天气，病粒破裂，散出黑色粉状的厚垣孢子。

主要防治方法：连片种植，连片收割，及时防治黑尾叶蝉；消灭看麦娘等杂草，减少越冬虫源；发现病株要及时拔除；积极防治传毒昆虫。

二、水稻常见虫害防治

（一）稻飞虱

稻飞虱为昆虫纲同翅目飞虱科害虫，以刺吸植株汁液危害水稻等作物，危害水稻的主要有褐飞虱、白背飞虱及灰飞虱。

目前较有效的农药品种和施用技术有：10%吡虫啉可湿性粉剂，每公顷用药150克兑水900千克常规喷雾，吡虫啉对稻田天敌如蜘蛛类、黑肩盲蝽基本杀伤力高于扑虱灵，低于甲胺磷；25%灭幼酮可湿性粉剂，每公顷用300～450克兑水喷雾，防治效果好，一次施药即可控制褐飞虱危害，对天敌、作物较为安全；25%噻嗪酮可湿性粉剂，浓度为125毫克/千克和250毫克/千克喷雾防治，1个月内均能有效控制白背飞虱危害；或用5%锐劲特浓浮剂1 600倍液，或25%扑虱灵可湿性粉剂1 400倍液喷雾。

（二）稻纵卷叶螟

稻纵卷叶螟属鳞翅目螟蛾科，是东南亚和东北亚危害水稻的一种迁飞性害虫。以幼虫纵卷稻叶结苞，啃食叶子，仅留一层白色表皮，危害严重时全叶枯白。分蘖期受害会影响水稻正常生长；中后期受害，产量损失明显；后期剑叶受害，会造成秕谷率增加，损失严重。主要防治方法：合理施肥，加强田间管理促进水稻生长健壮，以减轻受害；人工释放赤眼蜂，在稻纵卷叶螟产卵始盛期至高峰期，分期分批放蜂，每公顷每次放45万～60万头，隔3天放1

次，连续放蜂3次；在幼虫1龄盛期或百丛有新束叶苞15个以上时，每公顷用5%阿维菌素（爱维丁）3 000毫升，或15%阿维·毒死蜱（卷叶杀）3 000毫升，或40%辛硫磷1 500～2 250克，或30%乙酰甲胺磷2 250～3 375毫升兑水450～750千克喷雾。

（三）二化螟

二化螟属鳞翅目螟蛾科，俗名钻心虫。水稻在分蘖期受害造成枯鞘、枯心苗，在穗期受害造成虫伤株和白穗，一般年份减产3%～5%，严重时减产在30%以上。

为充分利用卵期天敌，用农药防治时应尽量避开卵孵盛期。当枯鞘丛率达到5%～8%时，或早稻每公顷有中心危害株1 500株时，或丛害率达到1%～1.5%时，或晚稻危害团高于100个时，应及时用药防治，每公顷立即用80%杀虫单粉剂525～600克或25%杀虫双水剂300～3 750毫升兑水750～1 125千克喷雾，或兑水3 000～3 750千克泼浇。此外，把杀虫双制成大粒剂，改过去常规喷雾为浸秧田，采用带药漂浮载体防治法能提高防治效果。杀虫双防治二化螟还可兼治大螟、三化螟、稻纵卷叶螟等，对大龄幼虫杀伤力高、施药适期弹性大，但要注意防止家蚕中毒。

（四）三化螟

三化螟（钻心虫）属鳞翅目螟蛾科，广泛分布于我国大部分的水稻种植区域，危害严重。它食性单一，专食水稻，以幼虫蛀茎。分蘖期形成枯心，孕穗至抽穗期形成枯孕穗和白穗，转株危害还形成虫伤株，枯心及白穗是其危害后稻株主要症状。农药防治枯心：每公顷有卵块或枯心团超过1 800个的田块，可防治1～2次；900个以下的可挑治枯心团，防治1次；应在蚁螟孵化盛期用药，防治2次，在孵化始盛期开始，5～7天施药1次；农药防治白穗：在卵的盛孵期和破口吐穗期，采用早破口早用药，晚破口迟用药的原则，在破口露穗达5%～10%时，施第1次药，如三化螟发生量大，蚁螟的孵化期长或寄主孕穗、抽穗期长，应在第一次药后隔5天再施1～2次。常用药剂：50%杀螟松乳油每公顷1 500毫升兑水1 125千克喷雾；甲氨基阿维菌素苯甲酸盐+氯氰·毒死蜱，每公顷 375 毫升兑水 450 千克喷雾。

（五）稻蓟马

稻蓟马成虫、若虫锉吸叶片，吸取汁液，导致叶片呈微细黄白色斑，叶尖卷褶枯黄，受害严重的稻田苗不长，根不发，无分蘖，直至枯死。稻蓟马主要危害穗粒和花器，引起籽粒不实；危害心叶，常引起叶片扭曲，叶鞘不能伸展；还破坏颖壳，形成空粒。

主要防治措施：冬季结合积肥，铲除田边杂草，消灭越冬虫源；在叶尖受害初卷期，每公顷用 40%乐果、90%敌百虫、50%杀螟松，或 50%巴丹 1 500 克兑水 750 千克喷雾；在秧苗移栽前，把受害秧苗上半部放入 40%乐果或 90%敌百虫 1 000 倍液浸 1 分钟，再堆闷 1 小时后插植。喷药前，在上述药液中每公顷加入 2 250 克尿素喷雾，使受害稻苗迅速恢复生长。需要特别注意的是稻蓟马繁殖周期短促，应重视田间测报，做到及时发现、及时防治。

（六）稻象甲

稻象甲属鞘翅目象虫科。稻象甲是外侵物种，有“水稻非典”之称，成虫和幼虫都能危害水稻。幼虫食害稻株幼嫩须根，致叶尖发黄，生长不良，严重时不能抽穗，或造成秕谷，甚至成片枯死。成虫以管状喙咬食秧苗茎叶，被害心叶抽出后，轻的呈现一横排小孔，重的秧叶折断，漂浮于水面。

防治稻象甲以农业防治、物理防治、化学防治相结合。农业防治提倡浅耕与深耕轮换，以降低越冬虫源基数，铲除田边、沟边杂草，清除越冬成虫。

化学防治方法：对根际幼虫每公顷用 20%辛硫、三唑磷乳油 1 500 毫升兑水 750 千克喷雾，或每公顷用 25%阿克泰水分散粒剂 30～60 克，兑水 750 千克对稻苗喷雾。阿克泰水分散粒剂在防治稻象甲的同时，可防治潜叶蝇、稻飞虱、二化螟、稻纵卷叶螟、稻蝗等稻田常见害虫。

（七）中华稻蝗

中华稻蝗属直翅目蝗科。中华稻蝗分布在我国南、北方各稻区，成虫、若虫食叶成缺刻，严重时吃光全叶，仅残留叶脉，也能咬坏穗颈和乳熟的谷粒。

主要防治方法：人工铲埂、翻埂杀灭蝗卵具有明显效果；保护青蛙、蟾蜍可有效抑制虫害发生；以2～3龄蝗蝻为防治适期，选择锐劲特、三唑磷等对口高效防治药剂，将中华稻蝗消灭在扩散之前，以减少农药施用量，达到既节省防治成本，又能维护生态平衡的目的。

第九节　水稻收割

一、水稻收割前断水

水稻在灌浆结实期间合理用水，可养根保叶，保证灌浆顺利进行，提高籽粒重。水稻在生育后期若水分不足，会使叶片提早枯黄，并造成植株早衰，从而导致减产。水稻到蜡熟阶段尚有30%左右的物质需合成并转入籽粒。故在水稻灌浆后期需要保证足够水分供应，通常土壤含水量达最大持水量90%即可。为达到水稻生育后期养根保叶的目的，可采用间歇灌水方法，先灌一次水，待落干后再灌。随着水稻成熟逐渐减少稻田积水时间，增加脱水时间。收割前最后一次断水需根据具体情况灵活掌握。水稻成熟时若气温较高，水分蒸腾较快，地势较高，方便排灌，土质为砂性的田块，断水可适当晚些，通常在收割前3～5天断水为宜；水稻成熟时若气温较低，土壤黏重，排水不便的田块，断水可适当早些，通常在收割前10～15天断水为宜。

二、水稻收割时间

水稻成熟要经历乳熟期、蜡熟期、完熟期和枯熟期四个时期。乳熟期是水稻在开花后3～5天开始灌浆，持续时间为7～10天，到乳熟期末期籽粒鲜重达到最大。蜡熟期经历7～9天，此时期内水稻籽粒内容物浓黏，无乳状物出现，干重量接近最大，米粒背部绿色开始逐渐消失，谷壳有些变黄。完熟期稻谷谷壳变黄，米粒水分减少，干物重量达到定值，籽粒变硬，不容易破碎，此时期为水稻最佳收获期（收割期）。完熟期在水稻抽穗后 45～50 天，黄化完熟率 95%以上。枯熟期水稻谷壳黄色逐渐变淡，枝梗变得干枯，顶端枝梗容易折断，米粒偶尔有横断痕迹。

华北稻作区为单季稻，一定要在清明前播种，4 月底 5 月初移栽；东北稻作区是早熟单季稻，播种时间为 4 月前后。单季稻一般为一季中稻，中稻早熟品种一般在 8 月下旬收割，中迟熟品种一般在 9 月上中旬收割，若为直播品种则在 9 月中下旬收割。北方双季水稻第一季稻生长期约 104 天，第二季稻生长期约 87 天，一般都是早熟品种，避开了冬天。北方种植双季稻必须培育特早熟品种，第一季稻 4 月中旬育苗，8 月初可成熟收割；第二季水稻一边收割一般插秧，地冻前即可收割水稻。

南方长江中下游平原等稻作区，早稻 4 月中旬播种，5 月初插秧，7 月下旬收割。晚稻插秧必须在立秋前结束，10 月下旬至 11 月收割。

三、水稻收割方式

（一）人工收割方式

传统人工收割方式的特点是生产进度慢，劳动强度大，加之近年来人工成本不断升高，稻农及水稻生产企业较少采用人工收割方式。但传统人工收割水稻具有能够适时根据稻谷成熟度确定收割时机，经过晾晒、打捆、码垛、脱粒等工序做到充分利用风、阳光等自然阴干，保证稻谷充分后熟等优点。传统人工收割方式完全遵循自然规律，能最大限度地保证大米品质及口感，目前还是被很多生产原生有机水稻、追求高品质稻米的生产者所采用。

（二）机械作业收割方式

机械作业收割的优点是速度快、节省人工成本，从而减少整体生产成本，通常是水稻规模化生产所采用的收割方式。机械化作业收割的缺点主要是不能保证稻谷水分含量。收割过早则水分含量偏大，在储存过程中容易发霉变质，还需采取人工晾晒或烘干。由于人工晾晒或烘干导致稻谷中水分快速蒸发，影响稻谷充分后熟，并严重影响大米品质和口感。收割过晚则因经过霜冻后稻株死亡，不能有效给稻谷输送养分，在秋季强烈阳光照射下，稻谷会产生大量经纹粒，加工大米时会产生大量碎米，不仅降低出米率，还会严重影响大米口感及品质。

第四章 稻鱼综合种养通用技术

第一节 准备工作

开展稻鱼综合种养，一定要做好充足的准备工作，具体来说有如下几个方面。

一、思想准备

要正确认识到开展稻鱼综合种养是当前我国经济发展进入新常态，国家稳定水稻种植面积、保护水稻产能、稳粮增收的重要手段，是渔业资源约束不断加剧、渔业发展空间日益受限情况下渔业转方式调结构的重要方式。开展稻鱼综合种养必将大有可为，但要把握好稻鱼综合种养的发展方向，即必须坚持以粮为主，以渔促稻；坚持生态优先，做好减肥、减药、减排；坚持市场需求导向，立足当地资源条件，找准自身定位，科学制订发展计划，谨防生搬硬套、盲目扩张、无序发展。

二、组织准备

由于小户经营在规模、资金、技术、管理、标准化程度、单位成本、综合效益等方面与现代农业经济发展要求存在巨大的差距，一家一户的分散经营已不再是开展稻鱼综合种养的有效组织方式。因此国家鼓励稻鱼综合种养实施产业化发展，突出产业化、规模化、标准化的发展方向，鼓励农户将承包经营的土地采取转包、出租、互换、转让、入股等多种方式，向稻鱼综合种养经营主体流转，推进适度规模经营，培育扶持龙头企业、专业合作社、家庭农场、种养大户等稻鱼综合种养生产经营主体。提倡建设以品牌为向导，龙头企业为核心，合作社为纽带，种养大户和家庭农场为基础，一、二、三产业融合，“种、养、加、销”密切联系的稻鱼综合种养产业化联合体。开展稻鱼综合种养的地区一定要加强乡规民约建设，形成良好稳定的发展环境，防止稻鱼综合种养区内出现偷盗、毒害及破坏行为。

三、技术准备

开展稻鱼综合种养，既需要掌握基本的水稻种植管理技术，同时又需具备一定的水产养殖基本经验常识，以避免水稻生长与鱼类生存之间产生矛盾，并最大限度地实现以渔促稻、稻鱼共生。同时要认真做好调查研究，因地制宜地选取适宜本地区的养殖品种、养殖模式并制定恰当的技术方案。特别是山区地理环境复杂，气候类型多样，开展稻鱼综合种养条件不尽相同，因此不能简单照搬或复制别处经验做法，一定要结合自身实际条件，做好科学合理的技术方案，将区域自然优势真正转变为经济优势。

四、苗种准备

优质水产苗种来源保障困难往往是山区稻鱼综合种养发展的重要限制性因素之一。开展稻鱼综合种养，首先应找到适合当地稻田养殖、市场需求好的养殖品种，同时在稻田放苗季节必须有规格适宜、数量充足、质优价廉的苗种供应。因此在开展稻鱼综合种养之前就应找寻就近的正规鱼苗繁育场，商谈好苗种委托培育及订购计划。对于规模较小的稻鱼综合种养农户，最好多家联合统购，降低苗种单价成本。

五、经营管理模式构建准备

倡导发展“种、养、加、销”一体化现代经营模式。要整合当地稻鱼综合种养生产资料供应、经营管理、产品加工、品牌销售等全产业链，通过产前、产中、产后有效链接和延伸，形成有机结合、相互促进、多元共赢的稻鱼综合种养产业化机制。结合稻鱼综合种养，可开发休闲农业、渔文化和乡村旅游，拓展稻鱼综合种养产业功能，推进生产、加工、流通、休闲与美丽乡村建设衔接融合。此外还需加强稻鱼品牌建设、加大宣传推介，提高市场认知度和美誉度，提升稻鱼品牌价值效应。有条件的，可积极发展稻鱼产品电子商务，拓展产品营销网络，扩大稻鱼综合种养产品的市场占有率。

第二节　科学选址

用来开展综合种养的稻田，必须具备适合鱼类生存的相应条件，科学选择适宜稻田是成功开展稻鱼综合种养的基础，选址要从以下几个方面综合考虑。

一、水源条件

水源充足、排灌方便。养鱼的首要条件就是水，稻鱼综合种养区要求有充足水源，可以满足整个综合种养稻田片区快速换水、补水的需要，最好有独立的排灌渠道，排灌方便，旱不干、涝不淹。水源充足但容易受涝的稻田及需要排水而排不掉的稻田不宜开展稻鱼综合种养。

二、水质条件

水质良好，洁净无污染。开展综合种养的稻田水质要符合《渔业水质标准》（GB 11607—1989），pH 在 6.5～8.5 较为适宜，呈中性或微碱性。水中重金属和农药等含量不超过国家标准，水中没有过多的悬浮物及漂浮物。

三、土壤条件

保水力强、土壤肥沃。土壤的质地、结构和肥力都会影响稻鱼综合种养的效果。选择保水能力强、肥力高的壤土和黏土田为好。砂土保肥保水能力差、肥料流失快、土壤贫瘠、田间饵料生物少，因而养殖效果差。高度熟化、高肥力、灌水后能起浆、干涸后不板结、保水保肥的稻田开展稻鱼综合种养最为理想。

四、地势条件

地势适当、无洪涝之忧，无塌方、泥石流之险。选择养鱼的稻田，既要考虑水源充足，也要考虑到雨水季节稻田不会因遭受洪涝而逃鱼，同时不能选择泥石流和塌方风险高发区。

五、稻田条件

集中连片、规模适中。开展稻鱼综合种养的稻田应当远离工业污染源，田块尽量规整、集中连片，面积规模适中，田间工程完备。此外，要求社会治安环境良好，不存在土地征用、纠纷问题；交通、水电、通讯方便，有利于投入品运入和生产产品运出；信息来往沟通方便，并有利于将稻鱼综合种养与农村农业休闲旅游结合起来。

第三节　田间工程建设

一、田间工程的作用

普通稻田是人类有意识地进行粮食生产活动的场所，通过对稻田生态环境的控制，力求获得较高的稻谷收益，这就形成了典型的人工稻田生态系统。与天然生态系统不同的是，人工稻田生态系统总是在人们有意识地控制和调节下存在，通过人为耕作、播种、除草、灭虫、灌溉、种子改良等措施，使水稻生产有效进行。但普通稻田生态环境及稻作方法，并不是为养鱼而设定的，因此无法承载一定规模养殖鱼类的生存需要，甚至水稻种植管理要求还与鱼类生长需求之间存在一定矛盾。为调和水稻种植与田间鱼类生长之间的矛盾，满足综合种养需求，实现渔稻共存，特别是满足稻田中鱼类生长及技术管理需求，需对养鱼稻田进行一些基本工程建设。

二、基本田间工程建设内容

开展综合种养的稻田基本田间工程通常包括加宽、加高和加固田埂，改造建设进排水系统，安装拦鱼防逃设施及搭建防暑遮阳棚等，还包括鱼沟、鱼溜建设。开展综合种养稻田的田间工程建设，在20世纪80年代之前主要是传统的“平板式”养鱼工程，而后逐渐发展为“沟池式”“垄稻沟式”“流水沟式”养鱼工程。近十年来，水产科技人员与渔（农）民在生产实践中运用自己的智慧将简单的“沟溜（凼）式”养鱼工程建设融入了现代稻鱼综合种养工程技术，将田埂、田块、拦鱼栅、鱼溜、鱼沟、排洪与进水系统等基础工程有机结合起来，在具体运用中与中低产田、冬水田改造、农田排灌系统建设结合起来，与不同地区、不同气候、不同水生经济动物的稻田养殖及水稻育秧栽培、免耕新技术有机结合起来。

一般性田间工程建设特点是：用土加高、加固、加宽田埂，开挖简易鱼沟、鱼溜，农户可利用农闲时节自行进行工程建设，投资少，见效快，但抗旱涝灾害能力较差，需年年重复翻修，鱼产量较低，以生态养殖为主；规范化长久性田间工程特点是：用条石、石板、水泥预制板或砖加固田埂、鱼溜和进出水口，田埂更高、更牢固（彩图5），鱼沟宽深、鱼溜较大，沟溜占总面积的8%～10%。这类工程只需每年开挖鱼沟，不需再修建田埂和鱼溜，抗旱涝灾害能力强，单位面积产出更高，经济效益更明显，但工程建设标准要求高，投资较大。田间工程具体建设内容如下：

（一）加高、加宽、加固田埂

1. 加高、加宽、加固田埂的作用

①增加稻田水深，保持较高水位（除需晒田排水以外）利于鱼体的正常生长。

②利于稻田蓄水保水，增强抗旱能力。

③利于抵抗洪涝灾害，防止稻田满水漫埂和冲垮田埂，避免逃鱼发生。

④防止善于跳跃、打洞的鱼类逃逸，减少经济损失。

2. 工程规格要求

田埂加高程度依养鱼方式、排灌条件及养鱼品种不同而有一定差异。

（1）*按一般性田间工程要求建设的田埂加高工程*　平原地区一般田埂需高出田面 50～60 厘米；丘陵、山区一般田埂需高出田面 40～50 厘米；冬水田及低洼田田埂要高出田面 80 厘米以上。田埂顶部宽度一般要求达到 35～50 厘米，具体要随着田埂高度增加而相应增大。

（2）*按规范化田间工程要求建设的田埂加高工程*　随着稻鱼综合种养技术和养殖模式的不断发展和创新，为更好地发挥稻田产鱼潜能，提高稻田综合效益，一些地区在一般性田间工程建设的经验基础上，提高田埂建设标准，进行规范化长久性工程建设。具体工程要结合当地实际，紧紧围绕提高综合效益目标，依照设定的生产指标，进行规范化建设。如重庆地区以产鱼 1 500 千克/公顷为生产指标的规范化长久性稻鱼综合种养田间工程建设标准要求：田埂高 1.0～1.2 米，宽 0.8～1.0 米，并且铺设规格为 100 厘米×50 厘米×4 厘米的水泥板、条石或石灰、煤渣和水泥以 4∶4∶2 的比例拌和而成的三合土进行保埂护坡。

3. 加固处理相关要求

为使田埂结实牢固、不出现渗漏，一般性的田间工程修筑土埂

时，应将筑埂泥土夯实，做到平整坚固，不漏水，不垮塌，并且在田埂内侧水面以上部分种植枝叶茂密的农作物，如辣椒、豆类等，既可提高田埂利用率，增加收入，又可作为天然的"篱笆"，起到阻拦养殖鱼类企图跳埂逃逸的重要作用。

进行规范化工程建设，采用砖、石等材料构筑田埂时，一定要挖除松土，在硬质土底上下料并自下而上逐块安装垒砌，并在垒筑完成后及时逐块用水泥清缝，避免日后发生渗漏情况。

4. 加设防逃围栏

一些稻田养殖的水生动物性情活泼，喜跳善逃，必要时应依据不同养殖对象的防逃需要，在养殖稻田田埂上加设围栏。可用竹篱笆、塑料薄膜、编织防雨布、油毡布、石棉瓦、铁皮等构建成围栏，以材料来源方便、成本低，设置灵活为原则。但用强度较低的材料时，需防止受水流、风吹影响而破损或倒塌。

（二）建设进排水系统

建设进、排水系统要根据稻田集雨面积大小决定进、排水沟（渠）的宽窄、深浅。一般成片的稻田，上游水源有保证，进、排水沟应稍宽，通常要求排水沟渠宽于进水沟。进、排水系统应建在田块外，不能在稻田中串联，并且要求进、排水系统分开。具体来讲，养鱼稻田进、排水系统应满足以下要求：

①养鱼稻田进、排水口应开设在田块长边的对角线的两端，并与鱼沟、鱼溜相通，要做到田水能通畅、充分交换，不留水体交换死角。

②养鱼稻田进、排水口的数量和尺寸应满足田块正常用水和能在短时间内排出暴雨、山洪等原因造成的大量积水的需要。一般面积1 334米^{2}以内的稻田排水口开设1个，稻田面积667米^{2}以内的排水口宽0.5～0.8米，稻田面积667～1 334米^{2}的排水口宽1.0～2.0米；面积超过1 334米^{2}的稻田开设排水口2个，每个口宽1.2米以上。排水口底面要略低于最低处的稻田泥面，保证需要时能将田水全部排完，排水口也需设置调控水位的挡水设施，随着稻作生产和养鱼过程中对田水深度的变化要求调整排水口的高低。一般进

水口宽度为 0.4～0.8 米，底面高于稻田泥面。

③进排水口的底面和两侧边应铺设石板、水泥板或砖块，垒砌牢固，避免流水长期冲刷而垮塌。

（三）安装好拦鱼设施

进、排水口处必须安装好拦鱼设施，这是稻鱼综合种养必备的关键环节之一。根据材质和结构不同，拦鱼设施常见的有竹、绳编联的竹栅式和金属或纤维网制成的框架式两类。

1. 竹栅

竹栅是最为常见的拦鱼工具，其特点是材料来源方便，成本低，加工容易。

（1）*选材及制作* 制作竹栅应选择当地材质坚实的竹子品种，且为 2 龄以上的老竹子。将竹子依所制竹栅高度截短，劈成 1.0～1.5 厘米宽的竹条（保留外皮），再用结实的细绳编联成竹栅。

（2）*规格要求* 竹栅缝隙宽度在不致逃鱼的前提下越宽越好，否则容易造成过水阻滞。一般以养殖相同规格鲢的头部宽度作为设置竹栅空距的参照标准，即如果可以拦护鲢，则可以拦护同等规格的其他养殖鱼类。静水或微流水条件下，竹栅空距小于同等规格鲢头宽的 90%，流水条件下空距小于其头宽的 80%。竹栅宽度应较进排水口宽 0.5～1.5 米，高度须保证在安插好后能高出田埂30～50 厘米（图 4-1）。

（3）*安装方式* 竹栅安插时，形状多设定为“︵”“︹”“∧”形，并将凸起面迎向水流（图 4-2），其作用在于既可增大过水量，又能提高竹栅抵抗水流冲击的机械强度。竹栅必须竖立安放，且下端应嵌入砖、石凹槽中，或插入土层深 20 厘米以上，必要时在竹栅基部打入竹、木桩加固。

2. 框架式拦网

（1）*选材及制作* 框架式拦网一般是由金属、塑料或木材制作成长 0.7～1.2 米、宽 0.4～0.7 米的框架，内嵌网格材料用以拦鱼。稻鱼综合种养前期鱼体较小，框架可嵌以塑料窗纱；随着养殖过程中鱼体长大，可更换网目大小适中的聚乙烯无结网片或金属筛

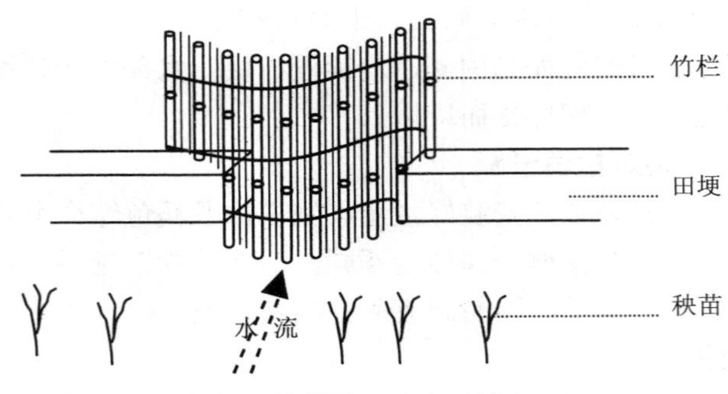

图 4-1　竹栏设置示意（排水口）
（仿 杨坚）

图 4-2　进水口“︵”形竹片拦鱼栅

片。养殖体表光滑无鳞及善于钻逃的鲇、鳅、鳝等鱼类时，所选网片网目应相对更小些。

（2）*安置方法*　养鱼稻田中框架式拦网设置方法基本与竹栅式类似，要求上端高出田埂 30～40 厘米，下端及左右两侧插入硬质土层 20 厘米，或插嵌于砖、石砌好的卡槽内（图 4-3）。

（四）搭建遮阳棚

稻田水较浅，水温随气温和日光照射而有较大变幅。在我国许多地区盛夏炎热，水温高，温差变化大，一些稻田水温有时高达 40℃，尽管设有鱼沟、鱼溜等避暑栖息场所，但水温也常超过 35℃，对稻田养殖鱼类的正常生长影响较大，因此，应结合当地条

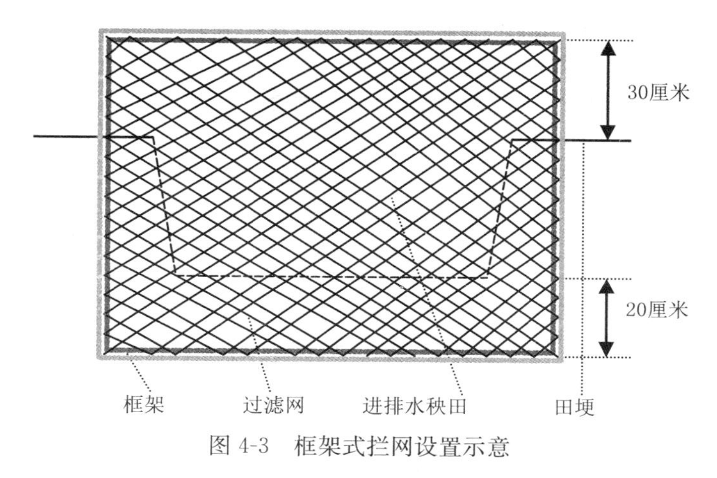

图 4-3 框架式拦网设置示意

件，在鱼溜上采用竹竿、稻草等搭建遮阳凉棚，以起到遮阳避暑、控制水温的作用，也可以在鱼溜埂上种植丝瓜、苦瓜、南瓜等夏季蔬菜，让其沿棚架自由攀爬，遮阳面积要控制在鱼溜面积的 1/4～1/2。

（五）溢洪沟

我国有大量地处丘陵、山区集雨面积较大的稻田，一般成排连片，易于蓄水，对开展稻鱼综合种养十分有利，但雨季时容易遭受暴雨、山洪冲刷，易造成漫田逃鱼，严重时可能出现田埂垮塌。因此对于开展稻鱼综合种养的此类稻田，应按最大洪水量修建溢洪沟，溢洪沟应修建于稻田一侧，沟深、沟宽应依所需排洪量及所采用的建设方式而定，一般沟宽 1.0～1.2 米，深 1.2～1.5 米。来水量大的溢洪沟可适当加宽加深，采用土沟修建的溢洪沟也需适当加宽加深，采用石板、条石、毛石、水泥板等硬质材料修建的沟深沟宽可适度减小。为确保溢洪效果，溢洪沟底面应低于稻田泥面20～30 厘米，溢洪沟堤应略高出稻田田埂。有些地方直接将溢洪沟作为稻田排水沟渠使用。

（六）防鸟装置

随着生态环境的好转，在一些稻作区秧鸡、白鹭、鹳等鸟类数量日益增多，稻田是其主要活动场所。这些鸟类不仅喜欢摄食稻田养殖的水生动物，而且还带来传播水生动物疫病的潜在风险。因此在稻鱼综合种养田间工程建设时，要考虑安装必要的防鸟装置。一般在稻田四周田埂上树立 2.5 米高的水泥柱桩，埋入土中 0.5 米左右，并拉上粗铁丝，稻田上空平行布置细塑料线，间隔 0.5 米左右，既可防鸟又不伤害鸟。有条件的，在稻田上空覆盖防鸟网。

（七）其他配套设施

开展综合种养的稻田，根据养殖需要，还可以配必要的抽水机、水泵、暂养网箱、地笼等。大规模开展名优水产品养殖的稻田还需建造看管用房等生产生活配套设施。

三、养鱼稻田沟、溜（凼）建设

开展综合种养的稻田最主要的田间工程建设就是开挖鱼沟、鱼溜，这是稻鱼工程核心部分，通过鱼沟、鱼溜的开挖和搭配，衍生出多种稻鱼综合种养工程模式，并适于各种鱼类品种的稻田养殖需要，从根本上推动稻鱼综合种养技术和养殖方法的快速发展，开发出一大批适合稻田养殖的水产名优新品种，为促进我国水产养殖事业和农村经济发展起到推动作用。

（一）鱼沟、鱼溜的作用

①稻田依稻作需要进行施肥、施用农药和排水晒田操作时，鱼沟、鱼溜可为稻田养殖鱼类提供集中暂养空间和避难场所。

②稻田水浅、水体环境稳定性差，鱼沟、鱼溜中水较深，水温较恒定，在稻田水温急剧变化时，养殖鱼类可游进鱼沟、鱼溜中防寒避暑。

③排水捕鱼时，散布在田中的鱼类能逐步汇集于鱼沟、鱼溜中，有利于鱼的集中起捕和降低捕鱼劳动强度，减轻鱼体受损程度。

（二）开挖鱼沟

鱼沟又叫鱼道，是田块内连通鱼溜和稻田的鱼类游动的通道（彩图 6）。

1. 鱼沟规格

开挖鱼沟的宽度、深度和面积应根据养殖对象的习性、田水灌排难易程度，以及沟、溜之间面积配置等因素而定。常见的为深30～50厘米，宽30～45厘米。水源条件较差的田块或鱼产量指标相对较高的田块，沟的深度、宽度应相应增大。如重庆地区产鱼1 500千克/公顷的稻田鱼沟深1米，宽1.2米左右。实践证明，鱼沟面积一般占稻田面积的3%～5%为好，通过鱼沟边际适当密植等措施，稻谷产量不会减少，反而会因稻鱼共生作用而有一定增产。

2. 鱼沟形式

鱼沟开挖的形式一般要依田块的面积和形状而定。一般667米^{2}以下的田块，沿田块的长轴在田块中央开挖一条鱼沟，再从进水口到排水口开挖一条鱼沟，两沟连接成“十”字形，若田块长轴和进、排水连线一致，则只开一条“一”字形沟即可；面积为1 334米^{2}左右的稻田一般在田块中开挖“十”字形或“井”字形沟；2 000米^{2}及以上的田块开成“井”字形、“日”字形或“丰”字形沟。对于面积较大的田块，除上述纵横沟道外，还可以绕田四周开挖围沟。为防止造成塌埂和避免田鱼被盗，围沟需距田埂1米以上，围沟也要与纵横沟相连，使整个沟道在田内分布均匀，四通八达，鱼类能自由游动。

许多山区稻田（如云南红河哈尼梯田）田块并不规整，可依据田块的形状可挖成“一”“十”“卄”或“井”字形等形状的沟（彩图7至彩图11），沟宽60～80厘米，深50～60厘米，离田埂1.5米处开挖。比较狭长的梯田只在内埂处挖一条沟（图4-4）。

3. 鱼沟开挖时间选择

鱼沟开挖时间，大致分为插秧前和插秧后两个时段。第一个时段是插秧之前，进行整田耙平的同时开挖鱼沟，开沟完成后再栽插秧苗。其特点是操作方便，挖出的泥土容易抛撒整平，挖沟速度快，效率高，质量好。但缺点是在进行栽秧操作时，搅水起浆、人工挑秧、插秧等活动会对已开好的鱼沟造成较大影响，栽秧后必须

图 4-4　鱼沟的形式

a.“一”字形　b.“十”字形　c.“卄”字形　d.“一”和“十”字形

再进行清沟除泥，从而增加用工量。第二个时段是整田耙平后，栽秧时预留沟距，栽好秧后再开挖鱼沟。其优点是可以一次完成，无需重复劳动，缺点是挖出的泥土不易抛散，需挑土到田埂上，较费时费工，不过可结合田埂加高工程，以达到物尽其用，事半功倍。

（三）开设鱼溜

鱼溜又叫鱼凼、鱼坑、鱼窝等，主要作用是为鱼类提供栖息和避难场所，其形状有方形、长方形、圆形及在田角依田块形状而形成的不规则形等（彩图 12）。

1. 鱼溜开设位置

鱼溜开设位置多在田块中央或田块一角。鱼溜设置于田块中央有利于鱼类聚散和防止鱼类逃逸或被盗，少受人为活动干扰，但对观察鱼类活动情况、人工投饵等较为不便；鱼溜设置于田角，对观察鱼情、投饵等十分方便，但对于较大田块而言，难以使鱼完全聚集，并且防逃、防盗难度较大。

2. 鱼溜规格

视稻田面积大小，水源条件及养殖对象习性不同，鱼溜面积有较大差异，小则5～10米^2，大则20米^{2}以上，并且可开设一个至多个，一般鱼溜总面积占稻田面积的3%～8%；鱼溜深度多为0.6～1.2米，水源条件差、养殖密度大的稻田，鱼溜可深达1.5～2.5米。鱼溜开挖深浅也应根据当地实际条件和养殖需要而定，从生产实践上看，鱼溜过浅，养殖鱼类活动空间不足，且夏季高温时，鱼溜水温可能高过鱼类耐受限度，影响养殖对象正常生长，甚至导致死亡；鱼溜过深，则开挖工程量大，溜内水体交换差，养殖鱼类特别是底栖鱼类较少出溜活动觅食，不利于有效利用稻田内其他大面积浅水区域。

3. 鱼溜开挖基本要求

①鱼溜开挖时间一般选择在冬末初春农闲之时。此时稻谷早已收割，田内无水，开溜操作方便，工效也较高。

②挖出的肥沃表层田土可以抛撒于四周田面或用于加高垄面，底层较硬泥土则可用来加高田埂，鱼溜开挖成形后要将溜壁夯捶坚实，以防日后出现渗漏。一般性的简易鱼溜，可在鱼溜四壁打上木桩或竹桩，并围以竹箔，防止溜壁浸水垮塌；面积较大、较规范的长久性鱼溜可以用条石、水泥板或毛石垒砌护壁。

③鱼溜与田面相接处应筑一道溜埂，埂宽20～30厘米，埂上留数个与鱼沟相通连的宽约1米的缺口便于养殖鱼类进出活动。埂上可种植一些藤蔓类经济植物，并在鱼溜上方搭设棚架，供其攀爬，既可增加收入，又可在夏季为鱼类遮阳纳凉。

④鱼溜建成后，可在溜底插些树桩、树枝及竹枝，以防止偷捕、偷钓。

（四）沟溜配置

鱼沟是鱼类活动的通道，鱼溜是鱼类栖息和避难的场所，两者彼此相互连通，功能上相辅相承，稻鱼综合种养作用能否有效发挥，与两者的配置是否科学合理密切相关。一定条件下，沟溜可以合二为一，如面积 667 米^2 以下的呈带状的稻田（如山区梯田），可只纵向开挖一条鱼沟，并适当加大沟宽沟深，使其兼具沟、溜两种功能；有些地区水源条件较差或田埂高度不足，可以充分加大加深鱼溜。

常见的沟溜配置形式，从鱼溜数量上有一田一溜、一田多溜两类；从鱼溜在田中位置上分为鱼溜设在田中和鱼溜设在田侧两类。依据鱼沟的不同形式，如“十”字形、“日”字形、“井”字形和“丰”字形等，变化出丰富多样的沟溜配置样式（图 4-5），满足不同面积、不同鱼类的稻田养殖需求。

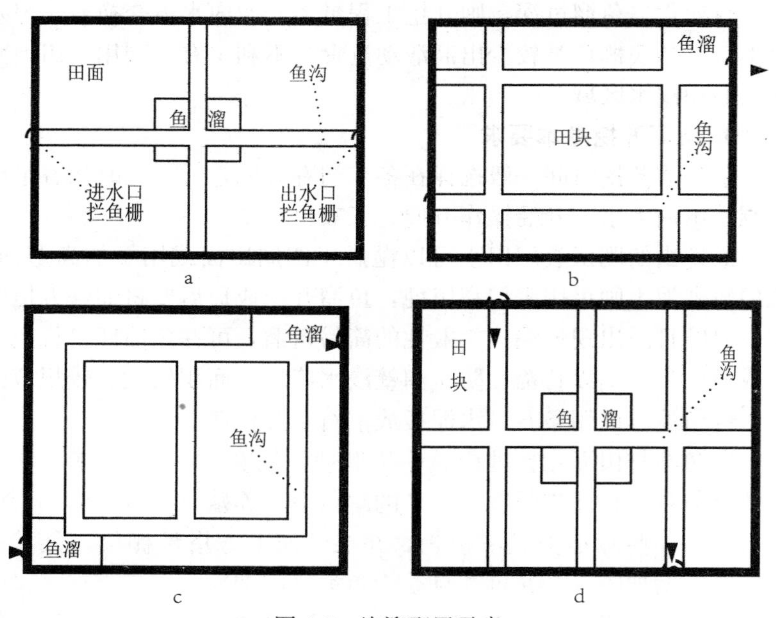

图 4-5 沟溜配置示意

a.“十”字形（鱼溜位于田中） b.“井”字形（鱼溜位于田侧一角）
c.“日”字形（鱼溜位于田侧） d.“丰”字形（鱼溜位于田侧中）

部分山区稻田实际沟溜配置样式更加灵活多变，云南一些稻田沟溜配置如图 4-6。

图 4-6　沟溜配置样式
a. 圆形鱼溜（凼）　b. 鱼沟与鱼溜（凼）

四、常见稻鱼工程配置样式

养鱼稻田的田间工程建设是发展稻鱼综合种养的一项基础性工作，直接关系到稻鱼综合种养的产量和经济效益。因此，开展稻鱼综合种养的地区应根据自身条件，积极开展适合当地实际情况的稻鱼工程建设，做到工程标准规范，设施配套，实用高效。

稻鱼综合种养工程样式有多种，最为常见的是之前介绍的各种沟溜配合工程样式，也叫作沟溜式，是稻鱼综合种养工程的基础样式（此处不再重复介绍），在此基础上因各地稻田条件和养殖对象、鱼产量指标不同，又变化发展出沟池式、垄稻沟式和流水沟式等稻鱼综合种养工程样式，下面作简要介绍。

（一）沟池式

这是采取适当减少种植稻谷面积，扩大和挖深鱼溜以形成小形田中池塘，增加沟池面积，充分利用稻田生态条件和池塘精养高产特点的一种形式。由于增加了沟池面积，从而增加了稻田贮水量和鱼类活动场所，便于将池塘养鱼技术运用到稻鱼综合种养中，也有利于稻田抗旱，鱼产量比传统稻田养鱼提高 3 倍左右。在云南省勐海县、沧源县有类似的养殖方式。但需注意的是，不应无限加大沟池面积比例，按当前稻鱼综合种养相关技术要求，沟池面积总体上不应突破综合种养稻田总面积的 10%。

1. 开挖鱼池鱼沟

在稻田的一边或中间开挖鱼池（图 4-7），面积占稻田面积的 3%～8%，池深 1.5 米左右，池周筑埂与稻田相对分开。秧苗返青时开挖鱼沟，沟宽 30～45 厘米，沟深 30～50 厘米。鱼种放养后挖开池埂，使鱼池与鱼沟相通，让鱼自由出入于沟、池和稻田之中。

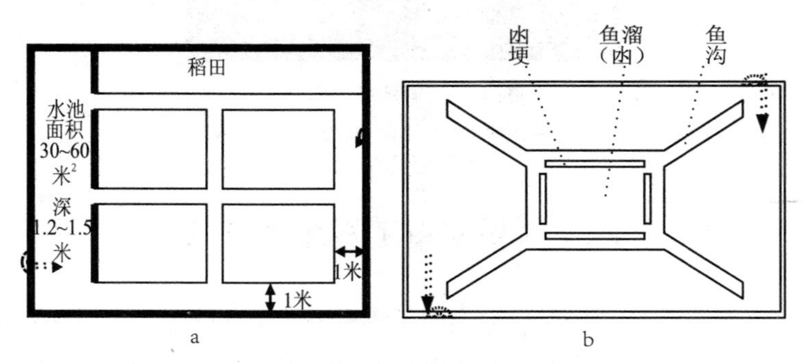

图 4-7　沟池式稻鱼综合种养工程示意

a. 鱼池位于稻田一侧　b. 鱼池位于稻田中央

2. 鱼种放养

沟池式稻鱼综合种养，应采取多品种、大规格、早放稀放、精养的方法。养殖常规鱼类品种可以鲤、草鱼为主，搭配鲢、鳙、罗非鱼，或以草鱼、罗非鱼为主，搭配鲤、鲢、鳙等，主养鱼类约占总体的 70%。可在栽秧同时或栽秧前放养 10 厘米左右的大规格鱼种，密度控制在每 667 米² 200～300 尾。

3. 田间管理

视鱼的摄食情况和稻田中天然饵料的多少，适当投喂人工饲料；稻田施肥、打农药时需先降低田面水位，将鱼赶进小池中避难；放养鱼种规格较大或放养时间较早时，可通过封堵池埂缺口或用篱笆将鱼拦在小池内，并适当投饲，至田中稻禾长粗、长高且杂草长出后再抽开篱笆或挖开池埂，放鱼进入稻田。

（二）垄稻沟式

垄稻沟式是结合水稻半旱式栽培技术，在田间开沟起垄，在垄上种稻，沟内保持一定水位养鱼的一种稻鱼综合种养方式，也称为半旱式或厢沟式稻鱼综合种养。这种方式适用于长期淹水的冬水田、冷浸田、烂泥田、锈水田等排水不良的水田。

1. 起垄开沟

设置垄面宽度既要有利于通风透光，又要考虑晚稻采用免耕插秧的特点，一般垄面宽为26～106厘米，每厢垄面插秧2～8行较为适宜。垄沟一般宽40～50厘米，深30～50厘米，烂泥田因窄垄难以成形、垄体易垮塌、垄上水稻易倒伏，故适宜采取宽垄（图4-8和图4-9）。

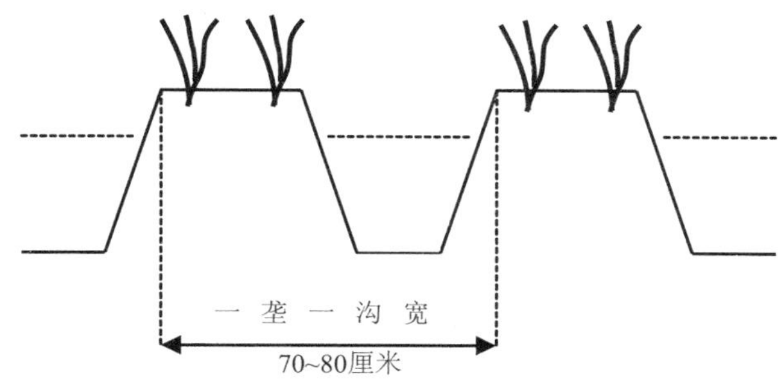

图4-8　垄稻沟式稻鱼综合种养工程示意（窄垄）
（仿 徐顺志）

垄稻沟式稻田仍需开挖鱼沟、鱼溜，并与垄沟相互连通形成网状结构。鱼沟也称主沟，一般宽50～80厘米，依田块大小开挖成“十”字形、“井”字形或“目”字形；鱼溜一个或多个，面积依放

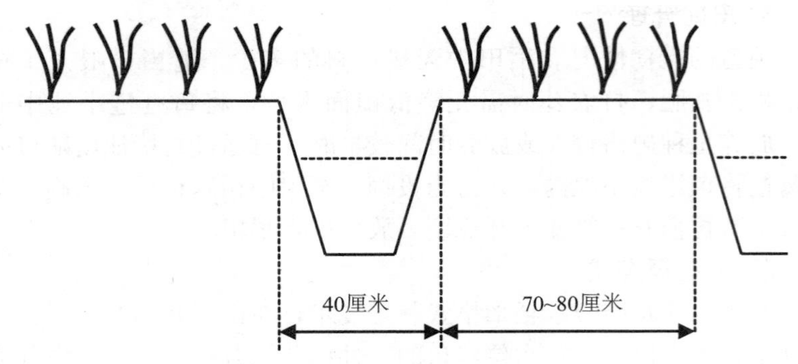

图 4-9　垄稻沟式稻鱼综合种养工程示意（宽垄）
（仿 徐顺志）

养鱼类规格确定。放大规格鱼种时，鱼溜占田块总面积的 5%～8%，鱼溜深度 0.7～2.0 米。垄稻沟式稻田工程样式如图 4-10。

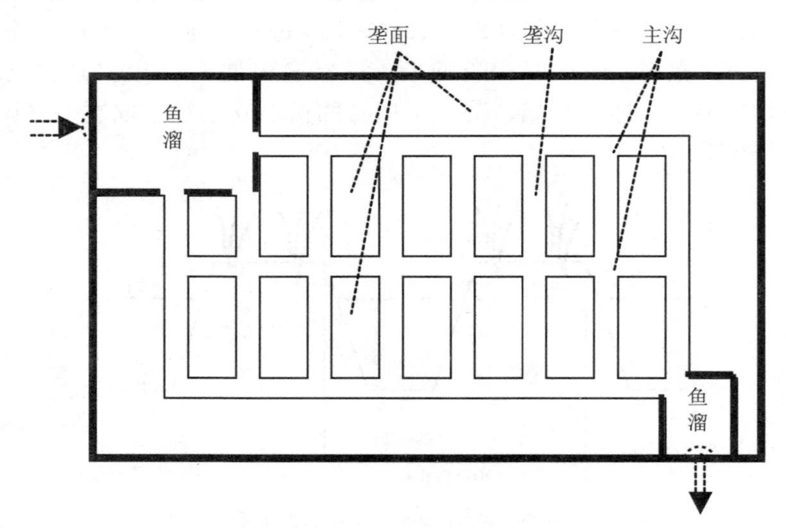

图 4-10　垄稻沟式稻田示意（平面图）

2. 鱼种放养

以养成鱼为主，每 667 米^2 放养隔年大规格鱼种，如鲤、草鱼各 200～300 尾，搭养罗非鱼、鲫 5%～10%。

（三）流水沟式

流水沟式适用于水源充足、排灌方便、面积 2 000 米^2 以上的稻田，在田边挖一条占稻田面积 4%～8%的长流水宽沟，利用长流水的优势进行混养、密养、轮捕轮放，周年在沟内养鱼。

1. 稻田工程建设

（1）稻田选择　选择水源充足、水质清新无污染、排灌方便、旱涝无患、常年流水，日交换量达 80～100 米^{3}的大块稻田。

（2）开挖流水沟和鱼沟　沿稻田灌溉渠一侧的田边开设一条流水沟，沟宽 1～1.2 米，占稻田面积 4%～8%，沟尾距田埂 1 米，沟底埋入暗桩防盗，沟壁打入竹、木桩加固或用条石、水泥板垒砌，沟与田面之间筑一道高 15～30 厘米的田埂；进水口开在流水沟上端，宽 15 厘米，口底需高出田面，出水口开在流水沟尾端，宽约 30 厘米，进、出水口都需安装拦鱼栅；根据田块大小在田面上开挖“口”字形、“田”字形鱼沟，鱼沟宽深各为 25～40 厘米，并与流水沟相通，使鱼自由出入流水沟和稻田之间（图 4-11）。

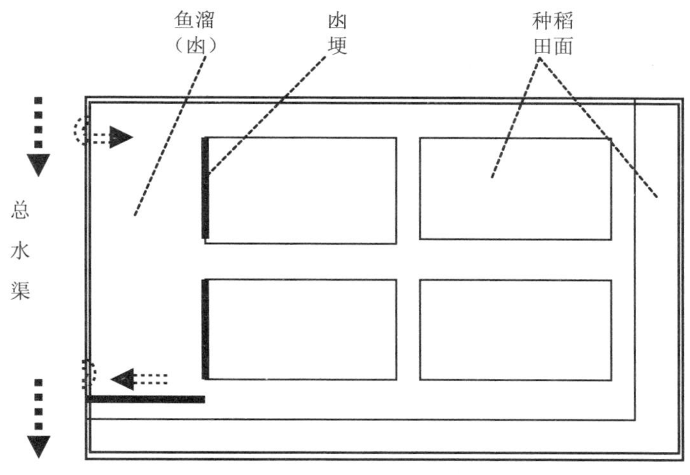

图 4-11　流水沟式稻鱼综合种养工程示意

2. 放养鱼种

鱼种放养量可根据流水沟占稻田面积大小、水体总量及交换量大小而定。如流水沟占稻田面积5%，水深1米，总水体35米^{3}时，可放养20厘米的草鱼种80～120尾，3厘米的草鱼夏花400～600尾，10厘米的鲤80尾，鲤夏花400尾，6厘米的鲫80～100尾，18厘米的鲢40尾、鳙15尾。放鱼应选在冬末春初，同一规格的鱼种要一次放齐。鱼种放养后需用拦鱼栅将鱼隔在流水沟内，等秧苗返青后拆除流水沟与田面之间的拦鱼栅，使鱼自由进出于沟田之间。

（四）宽沟式

宽沟式是应用较早且运用广泛的稻鱼综合种养工程技术，是在普通稻田鱼沟的基础上进行了简便实用的适应性演变，对鱼沟加宽加深，沟型根据田块大小仍可设计为“一”字形、“十”字形、“米”字形、“井”字形等结构，其沟宽一般为0.6～1.0米，深一般为0.6～0.8米（图4-12）。这种结构主要应于小规模家庭农场生产，根据稻田具体情况，选择合适沟型和规模。近几十年来，宽围沟式工程技术广泛应用于规模化稻鱼综合种养产业，其沟宽可达2～3米，沟深0.8～1.2米，成片养殖区可实现0.5～1公顷为养殖单元，这种沟型可以实现鱼、虾、鳖、蟹的规模化单一养殖或复合养殖。宽沟式工程技术的演变，可大幅度提升开展综合种养稻田的养鱼容积量。

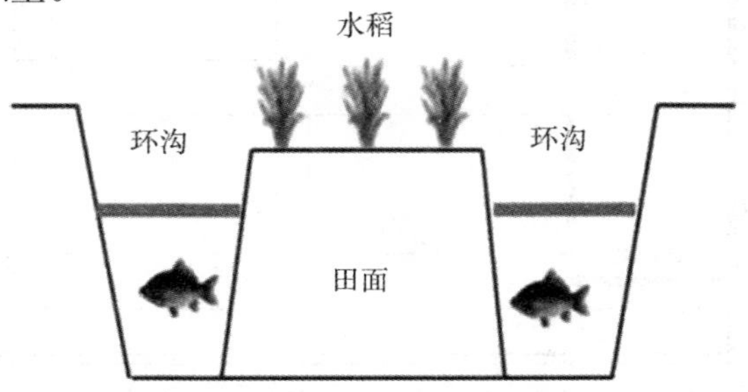

图4-12　宽沟式稻鱼综合种养工程示意（剖面）
（周江伟等 2017）

第四节　鱼种投放与管理

一、鱼种放养前的准备工作

（一）稻田清整

在投放鱼种之前，需要对稻田进行清田整理，疏通鱼沟、鱼溜，清理鱼沟、鱼溜堵塞物，还必须认真检查田埂和进、出水口及拦鱼设施等是否有坍塌、渗漏和破损，发现有可能逃鱼的地方，要及时修复。

（二）稻田消毒

在投放鱼种之前，需要对稻田及鱼沟、鱼溜进行消毒，消灭病菌，清除野杂鱼和敌害生物。消毒药物可选用生石灰、漂白粉。

（1）*生石灰消毒方法*　采用带水消毒，每667米^{2}用60～75千克，将生石灰兑水溶化，不待冷却即向田中均匀泼洒。消毒8～10天后，待药效全部消失即可投放鱼种。

（2）*漂白粉消毒方法*　每667米^{2}用7.5千克，带水均匀全田泼洒，消毒后5～7天，待药效全部消失即可投放鱼种。

（三）稻田培肥

在投放鱼种之前，田水应有一定的肥度，必须在放养前施放基肥，基肥除了为稻谷生产创造营养外，还可为投放鱼种提供浮游生物、底栖动物等食物，让鱼种一下稻田就可获得量多质优的适口天然饵料，以加快生长，提高成活率。稻田养鱼以有机肥为主，种类可以选用动物粪肥、绿肥、塘泥肥等。在施用前必须经过发酵，否则有机肥在稻田里发酵会产生沼气、硫化氢等有害气体毒害鱼类。施用腐熟粪肥，可在鱼种下田前4～5天进行，每667米^{2}用量120千克，加水稀释后全田泼洒。施用绿肥应在鱼种下田前5～10天进行，每667米^{2}堆放200千克，绿肥可堆放在田埂边的浅水处，让其自然腐烂分解，几天后将绿肥翻动，使肥分扩散到田中，待叶和嫩茎腐烂后，将根茎残余物等捞去。

二、鱼种放养

（一）放养时间

由于各地自然条件的差异，稻作方式、养殖方式的不同以及放养规格和种类不同，放养时间也有差异。但放养时间宜早不宜迟，应早放水、早整地、早插秧、早放苗种，这样可充分利用稻田水体和天然饵料，延长鱼类的生长期，尤其对培育夏花和鱼种更为重要。具体要注意以下几点：

①培育鱼种时，在秧苗出土和早稻田插完秧，稻田养鱼基本设施完善后即可放鱼，这时田中水温适宜，天然饵料丰富，有利于鱼苗生长。

②当放养 6 厘米左右草食性鱼种时，需待秧苗返青后放养，以免鱼吞食秧苗。

③当放养隔年草鱼鱼种时，必须在水稻圆秆及有效分蘖后放养。

④单季稻田养鱼种或稻鱼连作养殖成鱼时，一般在秧苗移栽返青后放养。

⑤稻鱼轮作养苗种时，应在稻谷收割后及时灌水放养。

⑥有稻鱼工程设施建设的，为延长鱼类生长期，插秧前将鱼种放入鱼溜中饲养或暂养，待秧苗返青后加深水位，开通沟溜，放鱼入田饲养。

（二）放养品种

山区稻田水浅受气温影响大，盛夏时水温有时较高，稻田中杂草、昆虫和底栖动物较多。为了充分利用稻田中杂草和水生生物等天然饵料，宜选择适合稻田浅水环境，抗病抗逆性强，品质优，易捕捞，且适宜于当地养殖的品种（彩图 13 和彩图 14）。以放养杂食性鱼和草食性类为主。如鲤、鲫、草鱼、罗非鱼等。少量搭配鲢、鳙。饲养成鱼时，可按鲤 60%～80%，草鱼、罗非鱼和鲢、鳙 20%～40%比例配养；可按草鱼 40%～50%，鲤、鲫 20%～30%，鲢、鳙 20%～30%比例搭配。饲养鱼种时，最好采用单养方式，若需混养，由于稻田水体浅，生态条件不同于池塘，品种不宜搭配过多，一般 3～5 个为宜。成鱼阶段养殖因不同种类的鱼食性差异大，多个品种混养可充分利用饵料资源。近几年来稻田中也养殖经济价值高的名优种类，如青虾、牛蛙、胡子鲇、泥鳅、黄鳝等。

（三）放养规格和密度

各地在稻田养殖过程中，由于稻田养鱼技术水平不同、选择放养鱼类的种类不同、规格不一，要求的鱼产量以及水稻栽培品种和方法、施肥的方式和数量等各有差异，因此鱼类放养量可变性较高。

稻田养鱼应以水稻为主，鱼种的投放量不能太大，饲养密度要适当，使稻、鱼都能正常生长。具体放养规格和密度根据稻田条件、鱼种规格、管理水平而确定。当前稻鱼综合种养普遍以放养大规格鱼种养殖成鱼为主。稻田养殖成鱼时，最好选择水较深的稻田。养成鱼的放养量可参考如下：

①一般稻田每 667 米^2 可放 8～15 厘米规格的鱼种约 300 尾。

②田间工程建设后的稻田每 667 米^2 可放 8～15 厘米规格的鱼种 500～800 尾。

（四）放养注意事项

①选择体质健壮、无病无伤的鱼种进行放养，同一批鱼种规格要整齐。

②苗种放养前用 2%～5%的食盐水浸泡鱼体 5～10 分钟。鱼种大，水温低，浸泡时间长，反之则短。

③苗种放养时首先考虑水温差的问题，即装运苗种器具的水温与稻田的水温是否一致，相差不能大于 3℃，尤其是长途运输的苗种更要注意，以免水温突变而引起苗种死亡。若温差过大，可在苗种入田前向运鱼器具中慢慢加入一些稻田清水，必要时反复加几次清水，使两者水温基本一致时，再把鱼缓慢倒入鱼溜或鱼沟中，让鱼自由地游到田中。若使用充氧塑料袋装运苗种，可先将其放在田水中浸泡 20～30 分钟，使袋内外水温接近，再拆袋放苗种。

④苗种放养宜选晴天 09：00 以后投放。此时气温升高，稻田

里的水温基本上下一致，这时放鱼苗，鱼苗容易适应环境。若在有风天放养，则应尽量选择避风处投放。

三、饲养管理

（一）投饲管理

稻田中天然饵料有限，为加速鱼类生长，应投喂一定的饵料，提倡以农副产品为主，适当减少投喂渔用配合饲料。

（1）饲料选择　主要使用清洁卫生，无污染的农副产品或青饲料，如米糠、麦麸、豆渣、豆饼、菜籽饼、酒糟、青草、浮萍等，适当使用一定量渔用配合饲料，但质量应符合《无公害食品　渔用配合饲料安全限量》（NY 5072—2002）的规定。

（2）日投饲量　一般配合饲料每天投饲量按鱼总体重的2%～5%投喂，农家饲料或青饲料按草食性鱼类总体重的10%～40%投喂。随着鱼体长大逐步增加投喂量。

（3）投饲方法　坚持定时、定量、定位、定质的“四定”原则，每天定时投喂两次，投饵地点最好选择在进水口的鱼溜内投喂，09：00和16：00前后投喂。投饵不可堵塞鱼沟。投饵量也应根据田中天然饵料丰歉、天气状况、鱼吃食状况灵活掌握，阴雨天气少投饵，雷雨之前不投饵。

（二）田水管理

根据稻、鱼对水的要求，注意田水情况，使田水保持一定水位。水稻生长初期，浅水能促使秧苗扎根、返青、发根和分蘖，水深以6～8厘米为宜；中期水稻孕穗期，需要大量水分，水可加深到15～18厘米；晚期水稻抽穗灌浆成熟，一般应保持水深12厘米左右。养鱼早期鱼小，田水不必过深，可以浅灌，后期鱼长大了，鱼游动强度加大，食量也增加，水需要较深。只有水位管理得当，才能有利于稻鱼生长（彩图15），促进稻、鱼双丰收（彩图16）。

（三）晒田

晒田可使水稻根系发达，植株粗壮，减少病虫害，控制无效分蘖，促进水稻增产，但一定要考虑鱼类的安全。晒田要做到：①晒田前要清理疏通鱼沟、鱼溜，严防鱼沟、鱼溜堵塞；②晒田时鱼沟内水深要保持在30厘米左右；③晒田时最好轻晒、短晒，不要晒到田面龟裂的程度；④晒田后应及时恢复原来的水位。

（四）用药管理

水稻的病虫害种类很多，开展稻鱼综合种养的田块水稻病虫害明显减少，但因受到周边环境影响，也需做好水稻病虫害防治工作。

1. 施农药原则

①稻田病虫害应按照“预防为主，综合防治”的植保方针，坚持“农业防治、物理防治、生物防治为主，化学防治为辅”原则。宜减少农药和渔药的施用量。稻田中不得施用《无公害食品　渔用药物使用准则》（NY 5071—2002）中所列禁用渔药化学组成的农药，农药使用应符合《农药合理使用准则》（GB/T 8321—2009）和《农药安全使用规范》（NY/T 1276—2007）的规定。

②根据水稻病虫害发生情况，适时使用农药，掌握安全用药的方法，严格掌握用药剂量和次数。

③提倡生物和微生物综合防治水稻病虫害，保护稻田生态环境，保护害虫天敌，减少化学农药用量以及残留引起的污染。

2. 施药方法和施药时间

（1）用药方法

①隔天分段打药：为让鱼群避开农药，可把养鱼稻田分块或分段打药，隔天再打另一块、段，这样鱼群总可以游到当时未打药的块、段中去。

②深水打药：将稻田水深加到8～10厘米，用药浓度较大时，为确保安全，水深还可适当加深。喷药时使用孔径较小的喷雾器，尽量把药物喷洒在稻秧的叶面上。

③排水打药：先把稻田水放掉，让鱼群进入鱼沟、鱼溜，然后用药。待药性消失后，再加水至正常深度。

④药物浸秧法：插秧先将苗根部放在药液中浸泡一段时间然后

再插秧，这种方法治螟虫有特效。

上述几种方法都要因地制宜，根据药物所需的条件进行恰当选择，只要选择对了，对鱼、稻都有利。

（2）施药时间　根据粉剂、水剂而定。粉剂农药在 09：00 有露水时使用，便可大部分黏附在稻叶上。水剂一般在 16：00 施用，要尽量喷洒在水稻茎叶上，此时植株较干，容易黏附。高温季节在 17：00 以后用药。

（五）施肥管理

稻田中肥料是稻田营养盐的来源，是稻谷增产的物质基础，施肥对水稻和鱼类都是必要的。稻鱼综合种养模式一般情况下无需施肥，但对于首次开展稻鱼综合种养的稻田需要施肥。

1. 施肥的原则

施肥的肥料应符合《肥料合理使用准则》（NY/T 496—2010）的规定，禁止使用对水生动物有害的肥料，应坚持以施有机肥（农家肥）为主，少施或不施化肥的原则。

2. 施肥方法

一是施足基肥。以施用经过发酵的有机肥（农家肥）为主，化肥为辅。原则是在放鱼前尽量一次性施够基肥，减少后期追肥对鱼类的影响。二是适当施用分蘖肥。

3. 施肥注意事项

①施用化肥的方法要适当，先排浅田水，使鱼集中到鱼沟或鱼溜中，然后再施肥，让肥料沉于田底层，让稻根和田泥吸收以后再加水至正常深度，这样对养鱼无影响。若改用化肥作基肥，用有机肥作追肥，要做到量少次多，分片施撒。有的地区将化肥混合泥土做成颗粒状肥料，采取根部插施的方法，这样可做到肥效高、用量少、对鱼安全无害。

②施肥料时不能撒在鱼沟、鱼溜等鱼类较为集中的地方，以免鱼类误食肥料。施用化肥时，应将养鱼田块分 2 次或 3 次进行分片撒施，即将大田先施肥一部分，再施肥另一部分，使留下的一部分田块内的鱼类有空间活动与摄食。施用粉状肥料时，为了不使肥料

入水后将水体弄得过肥而坏水，应选择在有露水的白天清晨进行施肥；施用液态肥料时，应趁下午太阳将稻禾晒得很干时用喷雾器将肥料喷洒在禾苗上，喷成雾状，禾苗便可吸收肥料而起到上肥的作用；施用固体肥料时，将肥料直接施入稻禾边的泥中，慢慢释放，避免鱼类误食肥料而造成死亡，这样也不会把田水弄得过肥。注意晴天施肥应采取少量多次的办法，一次施肥不要过多，阴雨天气不能施肥，闷热天气下鱼类浮头时也不能施肥。

（六）加强巡田

坚持每天巡查，一是检查稻田基础设施，加强对进、出水口的检查，即检查稻田水位是否合适，控制稻田水位的排水口是否堵塞，进、出水口的防逃网有无漏洞等。在突遇暴雨或山洪来袭时，要检查田埂，加强维修，填补漏洞，防止发生意外逃鱼事故，而造成不必要的损失。平时要经常疏通鱼沟，清理鱼沟内杂物，防止堵塞，以免影响鱼类活动和觅食。发现鱼沟或鱼溜内有杂物时要立刻捞出。二是看鱼吃食情况，通过观察吃食来确定投饲的多少，若投饲后很快吃光，说明投饲不足，要进行补充；一般投饲后鱼抢食 1 小时左右，发现有饵不抢，说明鱼已吃饱，不必再投喂，否则造成浪费又败坏水质。三是晒田或田间水量较少时要经常检查鱼沟和鱼溜，保证畅通无阻，防止干水死鱼。

（七）鱼病防控

稻鱼综合种养是种植和养殖相结合的生态农业方式，只要用心管理，一般不会发病或发病较少。鱼病防治坚持“预防为主，生态防控”的原则，特别是根据国家相关要求，稻田养殖的水生动物严禁施用抗菌类和杀虫类渔用药物，因此稻田中养殖的鱼类原则上只能进行生态预防。因此首先鱼种来源要正规，无病无伤，投入稻田之前用浓度为 2%～5%的食盐水进行浸浴消毒 5～10 分钟。在鱼病易发季节，加强预防，定期每 667 米^2 使用 5 千克生石灰泼洒消毒。其次要控制合理的养殖密度，不可如鱼塘般进行高密度养殖。平时科学适量投喂优质的配合饲料或健康安全的粗饲料，加强稻田水质管理，经常更换或增补洁净的田水。加强田间管理，尽量为养殖鱼类营造安全舒适的生长空间和环境，减少患病不利因素，并通过增强体质和抵抗力来避免鱼病发生。

第五节　捕捞销售

一、捕　　捞

（一）捕捞时机

通常水稻成熟后，鱼种养殖已达到要求的规格，成鱼养殖已达到上市规格，田中杂草也已被鱼类吃光，此时即可捕鱼。但为了避免集中捕捞上市带来滞销风险，应结合农村休闲旅游、电商平台，适时分次捕捞出售适宜规格的田鱼，错峰上市，以取得较好收益。

（二）捕捞方式

先收稻、后捕鱼，还是先捕鱼、再收稻，取决于稻田养鱼的生产类型。

①冬水田、塘田式、宽沟田、“回”字形沟田的稻田养鱼：收稻之后还要继续养鱼，则先收稻，留下部分稻秆肥水养鱼（彩图17）。

②一般稻田养鱼：需先捕鱼，待稻田泥底适当干硬之后利用人工或收割机收稻。捕鱼时，田中的鱼群随排水进沟到溜，才便于捕捞，否则有部分鱼或少量鱼在田中搁浅造成损失。因此捕鱼时应检查田中、沟中是否还有留鱼，如有，可进行人工捕捉。还可先排水集鱼割稻，再捕鱼，或同时进行，这样捕鱼较彻底。

（三）捕捞方法

①捕鱼前为了有效、快捷、安全捕鱼，需要准备一定的工具和设备。如小拉网或抄网、水桶、网箱、面盆等。这些小渔具和简单设备可以自行制作或购买。

②捕鱼前，要先疏理鱼沟、鱼溜，使沟、溜通畅，然后缓慢排水，也可采取夜间排水，天亮捕获，让鱼排水时顺利集于沟、溜中。再用小拉网、抄网在排水口和鱼坑里集中收鱼，再运到较大水

体或小网箱中暂养。如果鱼多，一次性难以捕完，可再次进水集鱼排水捕捞。

③鱼进入网箱后，洗净余泥，清除杂物，分类、分规格，对于不符合食用的鱼种，转入可以越冬的养鱼稻田中或其他养殖水体中。

④在捕鱼过程中，要注意保护鱼体，及时放入网箱，鱼种要尽量减少受伤和死亡，成鱼要保持活鱼上市。

二、销　售

（一）零售方式

这种销售方式是低端销售方式，已不适应市场发展形势。大多限于山区稻田面广而分散，农民稻田占有率低，稻田养鱼基本以户为单位，处于分散、自发、随机状态。加之稻鱼综合种养需要较为细致的日常管理，单位精力投入较多，影响了农民的积极性和养殖管理的规范性，投入产出比较低。再加上销售渠道不畅，生产出的田鱼零售或自食，农民的收入不高。

（二）直销当地酒店或饭店方式

这种销售方式环节少、流通快，渠道建立后销路较为稳定，利润可观。但要提高稻鱼综合种养的组织化程度和农户经营的统一性，要防止农户之间分散、自发销售供鱼，一方面农户间产生较大的竞争和内耗，另一方面会影响供鱼的稳定性，从而影响农户收益和稻鱼综合种养的健康发展。

（三）“合作社＋基地＋农户”进行市场运作方式

这种方式使苗种生产—成鱼养殖—产品销售形成一条龙，农户和农民专业合作社首先购销当地的成鱼，然后通过当地酒店、集贸市场以及外地市场等销售渠道直接将稻田鱼销售给消费者，或者他们直接面对消费者销售。这种营销模式提高了组织化程度，增强了抗市场风险能力，但总体上还太过于单一、缺乏灵活性，整个营销过程也没有将现有的文化资源、旅游资源、电子商务资源以及物流资源有效地结合起来。

（四）电子商务新型销售方式

这种销售方式是近几年市场销售中新崛起的模式。通过电子商务销售能快捷地进行信息交换，及时准确发布信息，售前、售后达到无缝衔接。政府相关部门应该建立专门的稻鱼综合种养网络信息平台，引进一批营销人才，对农户进行相应的商业信息能力培训，支持当地青年人进行稻鱼综合种养农产品创业，进而形成一些产业园，争取形成多样的销售结构与模式，改善水产品流通业态。

（五）品牌营销方式

稻鱼综合种养作为新型的特色产业，光有政策上的支持是远远不够的，想要有好的销路，必须形成品牌效益，创建自己的渔米品牌和渔产品品牌，真正结合自己的资源特色推出能够影响本区域乃至全国的自有稻鱼综合种养品牌，从而提升稻鱼综合种养的附加值。

（六）复合型（农旅结合、举办文化节等）销售方式

在开展稻鱼综合种养的同时，加大宣传力度，努力形成稻鱼综合种养与当地旅游资源以及文化特色相融合的复合型产业结构，打造新颖、富有吸引力的消费模式。游客可到当地农家乐、休闲农庄、种养大户家中进行稻田观光、捉鱼体验，感受食鱼之乐。带动集休闲、旅游、观光、体验于一体的乡村旅游业发展，进一步挖掘区域丰富的旅游资源，变资源优势为经济优势，拉动区域经济发展。

第五章 山区型稻鱼综合种养典型模式

第一节 青田传统稻鱼共生生态系统模式

一、模式特点

青田传统稻鱼共生生态系统模式属于“稻鱼共作”范畴。该模式最早起源于浙江省青田县，当地农民利用溪水灌溉，溪水中的鱼在稻田中自然生长，经过长期驯化，形成了天然的稻鱼共生系统。其特点主要是针对丘陵山区梯田，利用自然地理落差和丰富山泉水，在稻田内放养本地特有的田鱼（瓯江彩鲤），同时家家户户在房前屋后挖坑凿塘，暂养田鱼，并充分利用青田华侨之乡平台和世界农业文化遗产名片，结合农业休闲旅游，实现一二三产业有机融合，形成了“有水有田鱼，有家有华侨，耕田无牛绳，四季无蚊子”的景象。

青田田鱼养殖的主要品种为瓯江彩鲤，其肉质细嫩，营养丰富，色彩鲜艳，是观赏、鲜食、加工的优良品种，具有较高食用价值和观赏价值。

二、模式来源及分布地区

1. 模式来源

青田县地处浙江省东南部，东邻永嘉、瓯江，南毗瑞安、文成，西连景宁、莲都，北接缙云；群山环绕，风景秀丽，瓯江自西北向东南贯穿全境；境内山地多，平原少，素有“九山半水半分田”之称；气候类型属中亚热带季风气候，温度适宜、四季分明，年均降水量 1 697 毫米，雨量充沛，适宜稻鱼综合种养。

青田县稻田养鱼已有 1 200 多年的历史，据清代《青田县志》记载：“田鱼有红、黑、驳数色，人在稻田及圩池中养之”。位于该县东南一隅的方山龙现村，村内稻鱼共生系统已有 700 多年历史。传说龙现村是因龙现身于此地而得名，四周山脊、山峰呈现出龙头、龙背、龙尾的景象。龙留在了这里，给这里的子孙后代、千家万户造就了一块福地，也正因为“龙山”的地势，村民们依山而建家园，依山筑就良田，创造了独特的农业生产系统——“稻鱼共生”的生产方式。目前该地还保留有传统的“稻鱼共生”农业生产方式，稻田内放养本地特有的田鱼，家家户户在房前屋后挖坑凿塘，暂养田鱼，形成了“有水有田鱼”的奇特景观。1999 年，农业部授予该村“中国田鱼村”称号。

2005 年，青田传统稻鱼共生生态系统被联合国粮食及农业组织列为全球重要农业文化遗产，也是中国第一个全球重要农业文化遗产。青田县方山乡龙现村是首批全球重要农业文化遗产项目的试验区，是“稻鱼共生系统”项目的核心区。

近年来，青田县加大了对传统稻田养鱼文化的保护和传承。青田县依托中国科学院地理科学与资源研究所等多家研究机构对该县的稻鱼共生系统进行了系统研究，涉及生物多样性、生态系统、农业多功能性、传统文化、旅游发展等多个方面。政府的高度重视和广泛宣传提高了当地社会对稻鱼共生系统重要性的认识。2010 年，青田县举办了稻鱼共生博物园的修建奠基仪式。2017 年，青田县人民政府出台了《青田县“稻鱼共生”产业发展三年行动计划（2017—2019 年）》，着力打造青田传统“稻鱼共生”生态系统模式，与此同时，不断深入挖掘青田县“稻鱼共生系统”农业文化遗产内涵，开发旅游资源。现今，农业文化遗产旅游已成为青田县主打旅游项目之一。

2. 分布地区

浙江省青田县。

三、技术措施

1. 田间工程

加高加固田埂，防止田水渗漏和逃鱼，提高稻田蓄水能力；开挖鱼沟鱼溜，鱼沟一般呈“十”字形或“丰”字形，有利于稻田的排水、通风和透光；田埂和鱼沟、鱼溜用水泥支砌。

2. 品种选择

水稻选择抗病能力强、茎秆粗壮、株行中偏上，分蘖能力强的“汕优 63”“中浙优 1 号”等丰产优良品种；鱼种以适合当地稻田养殖环境的田鱼——瓯江彩鲤为主。

3. 稻田施肥

采取一次性施足基肥的肥水方法，一般施腐熟畜禽肥 7 500～15 000 千克/公顷或有机肥 1 200～1 500 千克/公顷，后期以田鱼排泄物作为稻谷的肥料，可不追肥。

4. 鱼种放养

4 月底至 5 月中旬，水稻返青后 7～10 天可放养鱼种，鱼种放养前用 3%～5%食盐水浸泡消毒 5～8 分钟。青田县稻鱼综合种养共分三种方式。①单养成鱼：放养平均规格为 50 克/尾的冬片鱼种 6 000～6 750 尾/公顷。②成鱼套养鱼种：放养冬片3 000尾/公顷，套养 3 厘米的夏花鱼苗 30 000 万尾/公顷。③单养鱼种：放养 3 厘米的夏花鱼苗 90 000 万尾/公顷。套养鱼种的方式当年既可产出成鱼，又能培育出后备鱼种，解决第二年鱼种放养的需求。

5. 饲料投喂

7—9 月，主要投喂配合饲料，投饲量为鱼体重的 3%～5%，后期以小麦、米糠等粉碎饲料为主，以提升稻鱼品质。饲料投喂坚持“四定”原则。

6. 田水管理

秧苗返青前，水位控制在5～10厘米，鱼种放养后，根据鱼体生长，水位逐步提升至10～30厘米。

四、效益情况

青田传统稻鱼共生生态系统模式，水稻产量达6 750千克/公顷，产值75 000元/公顷，鱼产量达975千克/公顷，产值39 000元/公顷，每公顷综合产值达114 000元。

第二节　云南稻鱼共作综合种养模式

一、模式特点

云南稻鱼综合种养模式是从传统稻田养鱼模式发展而来，主要特点是按照《稻田养鱼技术要求》（SC/T 1009—1994）及《稻渔综合种养技术规范　通则》（SC/T 1135.1—2017）的规定，在稻田中开挖鱼沟、鱼凼，建好防逃设施，稻鱼品种以大规格大宗淡水鱼或大宗新品种为主。

二、模式来源及分布地区

1. 模式来源

云南省位于我国西南边陲，是一个高原山区省份，全省国土面积38.3万千米^2，占全国总面积的4.11%，其中84%是山区，10%是高原，平坝区仅占6%，地形复杂，地势起伏悬殊，最高海拔6 740米，最低海拔76.4米。受地理环境的影响，山区半山区农民人均占有耕地面积少，开展稻田养鱼的历史久远。据《云南农业年鉴2015》统计数据，云南省水稻种植面积（中稻和一季晚稻）约106.7万公顷，适宜发展稻鱼综合种养的面积在33.3万公顷以上。保山、大理、昆明、曲靖、普洱、临沧等地区，气候温和，稻田耕作习惯于种植一次稻谷和一次小春（小麦、蚕豆或油菜），为充分挖掘土地生产力，常利用稻田开展以稻鱼共作为主要模式的综合种养。该模式是云南省稻鱼综合种养中最主要、最基本的模式，覆盖面积最大，主要以大规格大宗淡水鱼养殖为主，在水稻不减产的前提下，提高稻田综合种养效益。

2. 分布地区

云南省稻作区。

三、技术措施

1. 稻田准备

按本书第三章介绍的稻鱼综合种养通用技术要求和《稻田养鱼技术要求》（SC/T 1009—1994）及《稻渔综合种养技术规范　通则》（SC/T 1135.1—2017）的规定，开挖鱼沟、鱼溜（凼），建好防逃设施。

2. 鱼种放养

通常多是投放鲤、鲫鱼种。近年来福瑞鲤、芙蓉鲤鲫、松浦镜鲤、异育银鲫等大宗新品种不断成为稻鱼综合种养的主养品种。投放鱼种规格为25～40克/尾，投放密度为150千克/公顷（3 750～6 000尾/公顷），投放鱼种时间为秧苗返青后7～10天。

3. 田水管理

水稻插秧至秧苗返青后投放鱼种，在水稻生长期间，稻田水深保持在5～10厘米；随水稻生长，鱼体长大，可加深至15厘米；收割稻穗后若继续在稻田中进行养殖，尽量加满田水，水深在50厘米以上，保持水质清新。

4. 防逃

平时经常检查拦鱼栅、田埂有无漏洞，暴雨期间加强巡察，及时排洪、清除杂物。

5. 注意事项

稻种宜选用抗病、防虫品种，减少使用农药。防治水稻病虫害，应选用高效、低毒、低残留农药。水稻施药前，先疏通鱼沟、鱼溜，加深稻田水至 10 厘米以上。粉剂趁早晨稻禾沾有露水时，用喷料器喷出；水剂宜在晴天露水干后，用喷雾器以雾状喷出，注意应把药喷洒在稻禾上。

四、效益分析

在水稻不减产的情况下，稻田增加水产品产量 570 千克/公顷，按市场价 50 元/千克计，产值 28 500 元/公顷，扣除成本 13 500 元/公顷（鱼种费 2 250 元，开挖鱼沟、鱼凼 4 500 元，粗饲料 1 500 元，人工费 5 250 元），增加收入约 15 000 元/公顷，同时可以减少稻谷生产的施肥和农药成本 1 500 元/公顷。

第三节　哈尼梯田“稻鱼鸭”综合种养模式

一、模式特点

梯田养鱼是哈尼族人民的传统生计之一，也是当地人民因地制宜、资源合理循环利用的体现。历经上千年的演化，哈尼梯田形成了“森林-村寨-梯田-水系”四度共构的农业生态系统，是哈尼梯田文化的核心。元阳哈尼梯田“稻鱼鸭”综合种养模式是稻鸭共生技术与稻田养鱼技术的科学有机结合，即在梯田里种植水稻（梯田红米）的同时养鱼、鸭，稻田中的害虫作为鱼、鸭的饵料，鱼和鸭的粪便又作为水稻生长的肥料，三者互利共生。其主要效益不仅体现在梯田红米、鲜鱼和鸭蛋的产值上，更重要的是通过稻鱼综合种养，实现稳粮增效，传承千年农耕文化，增加梯田景观效果，促进旅游产业发展，保护红河哈尼梯田世界文化遗产。

二、模式来源及分布地区

1. 模式来源

红河哈尼梯田是哈尼族人民1 300多年来世世代代、生生不息“雕刻”山水田园风光画留下的杰作，位于云南南部，遍布于红河哈尼族彝族自治州元阳县、红河县、金平县、绿春县四县，总面积约6.67万公顷，仅元阳县境内就有1.13万公顷梯田，是红河哈尼梯田的核心区。

哈尼族传统文化不仅追求物质利益最大化，更注重人与自然的和谐发展，历经上千年的演化，形成了独特的农业生态系统：山腰气候温和，冬暖夏凉，宜于建村；村后高山为森林，利于水源涵养，使山泉、溪涧常年有水，人畜用水和梯田灌溉均有保障；村下开垦梯田，既便于引水灌溉，又有利于村里运肥于田间。该系统以水为核心，形成了良好的生态系统，是哈尼梯田文化的核心。2013年6月22日，在柬埔寨召开的第37届世界遗产大会上，红河哈尼梯田文化景观成功入选世界文化遗产，哈尼梯田成为我国第一个以民族名称命名、以农耕文明为主题的活态世界遗产。

为推进哈尼梯田生态养殖，提高梯田综合效益，增加农民收入，稳定农村劳动力队伍，保障粮食生产安全，提高景观效果，保护与传承哈尼梯田的千年农耕文化，促进生态文明建设，在哈尼梯田传统稻田养鱼基础上，农业科技人员在红河州境内不断探索创新并大力推广了哈尼梯田“稻鱼鸭”综合种养模式，开辟了“一水三用、一田多收、粮渔共作、强农富民”的精准扶贫道路，让哈尼梯田这片古老磅礴的土地再次焕发出蓬勃生机。

2. 分布地区

云南省红河州元阳县、红河县、绿春县和金平县。

三、技术措施

1. 稻田准备

（1）加固田埂　将田埂加高0.5米以上，埂顶宽0.4～0.5米，水层保持0.2米以上，做到田埂不渗漏、不坍塌；开挖鱼沟，在栽插时依据稻田的形状挖成“一”字形、“十”字形等形状的沟，离田埂1.5米处开挖，沟宽0.60～0.8米，深0.5～0.6米；

（2）开挖鱼溜（凼）　大小视梯田的面积大小确定，面积一般为5～20米^2，深度为1.2～1.5米，鱼溜可在梯田的一端、内埂或田中间开挖，形状可挖成长方形、圆形或三角形，溜埂高出梯田平面20～30厘米，并使沟、溜相通，沟、溜面积占梯田面积的6%～10%；

（3）开设进、排水口　在梯田相对角的田埂上，用砖、石块或用泥土筑成，宽度因田块大小而定，一般为30～60厘米。并安装好用塑料网、金属网、网片或竹篾编织的拦鱼栅，拦鱼栅呈“︵”或“∧”形，入泥20厘米。

2. 主要种养品种

稻谷品种选择高产、优质、抗病、耐寒、适应强的中熟品种红阳2号、红阳3号、红稻8号等；鱼类品种为鲤、鲫，以及近年主要推广的大宗新品种福瑞鲤、芙蓉鲤鲫；鸭的品种为本地麻鸭（蛋鸭）。

3. 稻谷栽插

不同海拔稻谷栽种时间不同，从低海拔到高海拔，一般栽种时间在4月下旬至5月上旬，按照秧龄40～45天，单行条栽，规格约26厘米×15厘米×15厘米，栽秧25.5万丛/公顷。

4. 鱼种投放

投放密度为规格25～40克/尾的鱼种150千克/公顷，鱼种投放时间为秧苗返青后7～10天。

5. 鸭苗放养

插秧后30天水稻分蘖结束（一般是6月上旬）投放375只/公顷约20日龄的麻鸭苗，在水稻灌浆至收获期间将鸭圈养起来，水稻收割后加深田水放鸭入田继续养殖。

6. 日常管理

（1）水位管理 鱼苗投放后，田间水位保持在10厘米左右；到水稻生长中后期，水位保持在20厘米以上。

（2）投饵 可投喂嫩草、菜叶、米糠、麦麸、豆渣、酒糟、玉米面等。按鱼总体重的2%～4%投喂饲料。

（3）施肥 养鱼稻田主张多用农家肥，施用化肥时，化肥不得直接撒在鱼溜、鱼沟里。

（4）病虫害防治 养鱼稻田防治水稻病虫害，要使用高效、低毒、低残留的农药。严格掌握农药的安全使用量。施放农药，尽量施放在水稻茎叶上，粉剂农药要在清晨露水未干时喷撒，水剂农药要在露水干后喷雾；施药前稻田水深要在10厘米以上。

（5）防漏和防逃管理 做到经常疏通鱼沟，经常检查进出水口和拦鱼设备，如有杂物堵塞，应及时清理。发现田埂塌崩、漏水，应及时修补。

7. 捕捞

稻谷收割时或收割后就可以放水捕鱼。捕鱼前疏通鱼沟、鱼溜，缓慢放水，使鱼集中在鱼沟、鱼溜内，在出水口设置网具，将鱼顺沟赶至出水口一端，让鱼落网捕起。达到上市规格100克以上的食用鱼上市出售，其他的放回梯田继续饲养或转入其他水体饲养。

四、效益情况

2016年，经专家联合测产，红河哈尼族彝族自治州元阳县哈尼梯田稻-鱼-鸭共生核心示范区，产梯田红米6 102千克/公顷，按收购价7元/千克计，产值42 714元/公顷；产鲜鱼630千克/公顷，按市场价60元/千克计，产值37 800元/公顷；养鸭375只/公顷，年产鸭蛋125枚/只，共产蛋46 875枚，按市场价2元/枚计，产值93 750元/公顷，综合产值达174 264元/公顷，社会效益和经济效益明显。

第四节　西双版纳“塘田式”稻鱼综合种养模式

一、模式特点

“塘田式”稻鱼综合种养模式属“稻鱼连作”范畴，是利用冬闲田开展稻鱼综合种养的一种模式。该模式主要特点是在一季稻收割完成后，加高、加固塘埂，采取种稻与养鱼连作方式，利用空闲稻田放水养鱼并在田埂种菜。该模式具有节约土地资源，节省养殖面积，提高养殖产量的优势。

二、模式来源及分布地区

1. 模式来源

地处南亚热带气候的西双版纳、普洱等地，自然条件十分优越，稻田集中连片，盛产优质米，自古有“滇南粮仓”之称，是国家级粮食生产基地。但由于地广人稀，稻田一年种植一次稻谷，收割后就蓄水供翌年栽插稻秧使用，形成大量的冬水田，适宜开展规模化稻鱼综合种养。以勐海县坝区的勐遮镇和勐混镇为主的当地群众根据实际情况，利用集中连片的冬闲稻田开展“塘田式”稻鱼连作。同时利用田埂种植时令蔬菜，一年四季轮作，形成稻、鱼、菜为一体的“塘田式”稻鱼综合种养模式。

2. 分布地区

云南省西双版纳傣族自治州。

三、技术措施

1. 改造养鱼稻田

水稻“滇屯 502”品种收割后，开始修补、加固、夯实田埂，做到不渗水、不漏水，埂高为120～150厘米，埂宽超过100厘米。待田块蓄水深达4～7厘米时，用生石灰750～1 125千克/公顷进行消毒处理，随后继续蓄水，一般达到60～90厘米。

2. 鱼种放养

主要开展罗非鱼养殖，适当搭配鲤、草、鲢、鳙。清塘消毒7～10天后可投放鱼种，搭配投放15～20克的鲤750～1 200尾/公顷，100克以上的鲢、鳙150尾/公顷，200克以上的草鱼150尾/公顷。

3. 田埂利用

利用田埂种植时令蔬菜，一年四季连作。

4. 养殖管理

养殖期间，做好塘田水位管理，保持水位在60～90厘米。同时做到每天巡回检查1～2次，主要查看水色、鱼活动情况等，以决定投饵和水流量，同时认真查看田埂及进、出水口等是否完好，若发现问题，及时采取有效措施补救。

四、效益情况

根据西双版纳傣族自治州“塘田式”稻鱼综合种养统计，养鱼产量约1 350千克/公顷，按12元/千克计，水产品产值16 200元/公顷，成本约1 500元/公顷，利润14 700元/公顷；种植“滇屯502”水稻，产稻谷7 950千克/公顷，按市场价3.4元/千克计，产值27 030元/公顷，扣除成本7 200元/公顷（含种子450元、肥料1 950元、机耕费1 500元、栽插1 200元、农药900元、收割1 200元），收益19 830元/公顷；种菜三季合计收入10 350元/公顷。“塘田式”稻鱼综合种养纯利润约45 000元/公顷。

第五节　德宏“土著鱼”稻鱼综合种养模式

一、模式特点

德宏“土著鱼”稻鱼综合种养模式属“稻鱼共作”范畴，是利用稻田养殖土著鱼的一种稻鱼综合种养模式，稻田养殖的“挑手鱼”（本地胡子鲇）肉厚质细，营养丰富，蛋白质含量较高，深受当地傣族民众的喜好。养殖过程中在稻田鱼沟、鱼凼中放置竹筒，用于“挑手鱼”的栖息和逃避敌害。由于是对应特定消费群体专门养殖当地特定的鱼类，针对性较强，市场较为稳定，在适当规模条件下，该稻鱼综合种养模式经济效益突出。

二、模式来源及分布地区

1. 模式来源

德宏傣族景颇族自治州地处云南省西部、中缅边境。全州辖三县两市，即芒市、梁河、盈江、陇川和瑞丽，面积 11 526 公顷、总人口 122 万人。德宏属南亚热带气候，平均海拔 800～1 300 米，年均气温 18.4～20.3℃，年降雨量 1 436～1 709 毫米，年日照时间 2 281～2 453 小时。冬无严寒、夏无酷暑，素有“植物王国”和“物种基因库”之美称，全州森林覆盖率达 67.1%，远远高于全国平均水平。优越的光、热、水、土、气资源，为发展农业特色产业提供了得天独厚的条件。

全州水稻种植面积 6.37 万公顷，稻鱼综合种养模式在全州均有分布，面积达 0.89 万公顷，产量 4 650 吨，产值 1.3 亿元。因当地人民多喜欢食用“挑手鱼”，近年来利用保水性良好的稻田大力推广“挑手鱼”的养殖，取得了较好的效益，并形成了独特的德宏“土著鱼”稻鱼综合种养模式。

2. 分布地区

云南省德宏傣族景颇族自治州。

三、技术措施

按一般稻鱼共作模式进行稻田田间工程建设和养殖管理，但需重点做好防逃工作。

1. 放养品种及规格

稻田主要投放“挑手鱼”（本地胡子鲇）鱼种，适量搭配鲤、鲫。投放密度为规格10～12克/尾的鱼种150千克/公顷(12 000～15 000尾/公顷)。

2. 鱼种投放

待秧苗返青后即可投放，一般为插秧后7～10天。鱼种投放前，用5%食盐水浸洗消毒5～15分钟。

3. 防逃设施

防逃围膜选用聚乙烯双层农膜或聚乙烯网片。具体方法：先在田埂中央开挖一条10～12厘米深的小沟，在小沟内每隔80～100厘米，插一片细竹片，并用细铁丝将所有竹片顶部连接加以固定，然后用双层农膜或网片套在细竹片上，将开口一端农膜埋入小沟内，用泥土压紧压实，膜高30～40厘米，农膜接口处用胶布粘贴好。使用网片具有成本低、通透性好、防大风和不怕田水喷出等优点，进出水口用大竹筒加工而成，并用细尼龙网片包扎好，以防鱼外逃和天敌进入。

4. 日常管理

在水稻生长期间，稻田水深应保持在5～10厘米。随水稻长高，鱼体长大，可加深至15厘米。做好巡查，重点查看田埂、防逃网片及进、出水口等防逃设施是否完好。若发现问题，及时采取有效措施补救。

四、效益情况

水稻产量不减产的情况下，稻田“挑手鱼”最高产量可达525千克/公顷，最低产量450千克/公顷，平均产量487.5千克/公顷，按“挑手鱼”销售价格60元/千克计，平均产值达29 250元/公顷。除去成本15 750元/公顷（鱼种6 750元/公顷，饲料3 000元/公顷，工程建设费3 000元/公顷，管理费3 000元/公顷），净利润可达13 500元/公顷。

第六节　松溪县稻鱼共作生态综合种养模式

一、模式特点

松溪稻鱼共作生态综合种养模式立足当地稻作区特点，走“生态、优质、适度规模发展”的路子，开展“不投饵、零农药、零化肥”生态种养模式。稻田综合种养过程中，提前施肥，为田鱼提供生物饵料，后期以诱虫灯引诱稻田中的昆虫作为田鱼天然饵料，全程不施用化肥农药和投喂饲料，生产的农产品均达到有机产品标准，效益显著。

二、模式来源及分布地区

1. 模式来源

福建省内陆山区多以丘陵地貌为主，水资源丰富，生态环境良好，拥有大量海拔较高的稻田，为稻鱼综合种养提供了基本保障。松溪县位于福建南平市北部，地处武夷山脉北端，仙霞岭南麓。稻田养鱼在松溪县有悠久的历史，是养殖淡水鱼的主要方法之一。近年来，随着免耕抛秧栽培技术及诱虫灯防治技术的推广应用，加之稻鱼生态种养模式投资少、见效快、无公害、效益好，稻鱼综合种养在该地取得长足发展：2013 年，松溪县成为农业部优势农产品重大技术推广项目“稻田生态综合种养示范与推广项目”示范点之一；2018 年，福建省松溪县稻花鱼专业养殖合作社被评为农业部国家级稻鱼综合种养示范区（第一批）。松溪县以稻鱼共作生态综合种养模式为主，田鱼为当地特色品种瓯江彩鲤，采用诱虫灯诱捕稻田中的摇蚊幼虫及稻虫，作为田鱼的天然饵料，全程不投喂人工配合饲料，体现了稻田综合种养的生态内涵，效益显著。

2. 分布地区

福建省北部地区。

三、技术措施

1. 田间工程建设

加固加高田埂至 40 厘米，加宽至 50 厘米。开挖鱼沟鱼溜，使鱼沟宽、深分别为 40～50 厘米和 50～60 厘米，呈“十”字形、“田”字形或“井”字形；鱼溜深 1～1.2 米，呈方形或圆形，鱼沟鱼溜应做到沟-沟、沟-溜相通。并做好防逃、防涝工作。

2. 安装诱虫灯

根据诱虫灯的工作效率，控虫半径在 100 米范围的诱虫灯，可按 15 盏/公顷安装。

3. 稻田消毒与施肥

苗种投放前 10 天，应对稻田进行消毒。用 900～1 125 千克/公顷的生石灰兑水全田泼洒消毒。消毒后待石灰药性消失可进行施肥。必须在放养前施放基肥，鱼种做到“肥水下田”，以加快生长，提高成活率。根据水质情况，适时补充有机肥，确保天然饵料充足，保证鱼类生长需求，整个稻鱼综合种养周期内，使用生物有机肥1 800～3 000 千克/公顷。水稻种植期间，全部采用生态种养模式，不使用化肥、农药，保证产品达到有机大米品质，提高经济效益。

4. 品种选择

水稻选择抗病力强、抗倒伏的“中浙优 10 号”“两优 619”等优质稻米品种，配套种植“金农 3 优 3 号”（红米）、“补血紫糯”（黑米）、“农香 4 号”等。鱼种以色泽鲜艳、当地喜食的瓯江彩鲤为主，搭配少量鲫。3 月完成水产苗种的投放工作。苗种下田时，使用 3%～5%食盐水浸泡消毒 10 分钟；放养规格为 20～30 克/尾的瓯江彩鲤 6 000 尾/公顷，套养少量湘云鲫 2 号异育银鲫“中科 3 号”等夏花鱼种。

5. 巡田管理

一是查看进排水渠道畅通情况，发现问题及时处置；二是防逃防敌害，查看进、排水口拦鱼栅破损情况，防止鱼类逃逸；三是清理水蛇、驱赶鸟类，提高鱼类成活率。

四、效益情况

根据松溪县稻田综合种养核心示范点测产：平均鲜鱼产量 365 千克/公顷，稻谷产量 7 200 千克/公顷，平均利润 29 622 元/公顷，较单纯种稻利润高出 18 538 元/公顷。

第七节　重庆稻鳅共作综合种养模式

一、模式特点

稻鳅共作综合种养模式是重庆市“农业三绝”之一，属于“稻鱼共作”范畴。该模式利用“水稻护鳅，鳅吃虫饵，鳅粪肥田”的生态食物链，达到稻田生态系统良性循环，基本不使用肥料、农药等化学品，具有增水、增收、增粮、增鱼和节地、节肥、节工、节支“四增四节”的特点，同时紧密契合了当地喜食泥鳅的庞大市场需求，在农业产业中具有明显的效益优势。

二、模式来源及分布地区

1. 模式来源

重庆市位于中国内陆西南部、长江上游地区；辖区面积 8.24 万千米^2，辖 38 个区县（26 区、8 县、4 自治县）；境内地貌以丘陵、山地为主，其中山地占 76%，有“山城”之称；属亚热带季风性湿润气候；长江横贯全境，流程 679 千米，与嘉陵江、乌江等河流交汇。

重庆市稻鱼综合种养是在保障水稻正常生长的前提下，利用稻田湿地资源开展适当的水产养殖，形成季节性的农渔种养结合模式，是提高稻田生产力、增加农民收入的有效途径。重庆市稻鱼综合种养主产区分布在梁平县、忠县、潼南区、南川区及合川区等地。重庆民众多年来具有喜食泥鳅的习惯，仅重庆主城区每年消费泥鳅就达 5 000 吨，为开展稻鳅共作提供了良好市场条件。2012 年，重庆市在大足、潼南等 14 个区县实施稻鳅共作综合种养，推广面积达到 0.35 万公顷，取得良好效果。

2. 分布地区

重庆市。

三、技术措施

1. 稻田选择

选择坡度平缓，水量充足、水质清新无污染，排灌方便、保水性好及肥力丰富的田块；稻田面积以 0.2 公顷以内，土壤呈弱酸性或中性（pH 6.5～7），泥层厚 20 厘米为宜。

2. 田间工程

①加高加固田埂，并在稻田中开挖环沟、鱼沟和鱼溜（凼），环沟位于田埂四周，一般宽度和深度为 1.5 米和 1.2 米，作为泥鳅主要栖息场所。

②鱼沟位于稻田中央，面积占稻田8%左右，深度和宽度为35厘米，呈“一”字形、“十”字形或“井”字形，作为供泥鳅觅食活动场所。

③鱼溜设在进排水口附近或田中央，面积占稻田面积的3%～5%，深40～60厘米，呈长方形或圆形。

④建好防逃设施，在鱼沟、鱼溜底部和稻田四周设置防逃板，既能防止泥鳅逃跑，又有利于泥鳅捕捞。防逃板入田20厘米以上，出水40厘米左右。稻田进出水口位于田角相对位置，用60目筛绢网过滤防逃。

3. 稻种选择

选择具有耐肥，株型中偏上，抗倒伏、分蘖力强、抗病虫害、生长期长和优质高产特点的中稻或晚稻品种。

4. 稻田施肥与苗种投放

稻田栽种前先用生石灰375～450千克/公顷兑水全田泼洒消毒，鳅苗投放前7天，施腐熟的畜禽粪便或其他有机肥1 500～3 000千克/公顷，以培育浮游动物和浮游植物，作为鳅苗的生物饵料；水稻插秧结束后10天内，放养规格3～5厘米的鳅苗15万～22.5万尾/公顷。

5. 水草移植

鳅苗体质娇弱，应提前在稻田环沟中移植苦草、轮叶黑藻等水生植物，供鳅苗栖息躲藏，移植面积占环沟面积的10%左右。

6. 养殖管理

（1）田水管理　水稻分蘖前期，稻田水位控制在10厘米左右，以促进水稻生根分蘖；水稻分蘖后水位控制在10～20厘米，高温季节每10～15天应加注新水一次，保证水质清爽，溶解氧不低于2毫克/升。

（2）饲养管理　稻鳅养殖前期以水田中的天然饵料为主，放养5～7天后，以米糠、豆饼及动物下脚料等人工饲料为主，日投喂两次，投饲量占泥鳅体重的3%～5%。

（3）用药管理　开展稻鳅共作的稻田坚持少施或不施药原则，

严禁施用剧毒农药。用药前加深水位，水剂农药应喷洒于稻叶和叶茎上，施药以阴天或晴天的16：00为宜。施药前做好加水准备，以在泥鳅中毒后能及时加水。施药后勤观察、勤巡田，发现问题及时处理。

四、效益情况

重庆稻鳅共作综合种养技术模式平均产稻谷5 250千克/公顷，增产10%，产值达21 000元/公顷；产泥鳅600千克/公顷，产值21 600元/公顷，综合种养产值42 600元/公顷，利润达24 750元/公顷，比单纯种稻利润高出20 940元/公顷，实现了“千斤稻、千元钱”的目标，达到了稻谷不减产，效益大大提高的目的。

第八节　三江“一季稻＋再生稻＋鱼”综合种养模式

一、模式特点

“一季稻＋再生稻＋鱼”综合种养模式是广西三江地区在总结传统“一季稻＋鱼”的模式基础上创新发展起来的，俗称“广西三江模式”。该模式主要特点是采取“捕大留小、捕大补小”方法，全年分级养殖。水稻种植是在一季稻成熟时，收割稻秆上部约2/3谷穗，保留稻秆下部植株和根系，使剩余水稻再次长出稻谷(即“再生稻”)。该模式适合高寒山区，特别是在阳光和热度不足以种植两季稻，而种植一季稻时间富余的山区。该模式减少了水稻的再次栽培，节约了水稻生长时间，稻谷产量不降反增，提高了稻谷复种指数，效益显著。

二、模式来源及分布地区

1. 模式来源

三江侗族自治县位于广西壮族自治区北部，是湘、桂、黔三省

（区）交界地，全县总面积为 2 454 公顷，东连龙胜县、融安县，西接融水县、贵州省从江县，北靠湖南省通道县、贵州省黎平县，南邻融安县、融水县。三江县处于低纬度地区，属中亚热带、南岭湿润气候区，全年平均气温为 17～19℃，雨热同季，寒暑分明，四季宜耕，年平均雨量 1 493 毫米；雨量分布南多北少，东多西少。日照偏少，年实际日照数平均 1 333.3 小时，年平均无霜期 321 天。

全县有稻田 0.8 万公顷，其中适宜混养鱼类的保水田约 0.53 万公顷。2010 年，三江县在全县推广稻鱼综合种养项目，经过 7 年的发展，总结出了“一季稻＋再生稻＋鱼”的综合种养新模式，2015 年全县稻鱼综合种养总面积扩大到了 0.49 万公顷，占稻田总面积的 62%，目前该模式已发展到 660 公顷。

2. 分布地区

广西壮族自治区三江县。

三、技术措施

1. 田间工程

对田埂进行水泥硬化，并在稻田中开挖鱼沟、鱼凼。鱼沟宽 50 厘米，深 30 厘米，面积占稻田面积的 10%左右；鱼凼呈方形或圆形，深 0.8～1 米。鱼凼上方搭建棚架并加盖遮阳网，周边种植瓜果，既可为鱼遮阳降温，还可躲避鸟类等敌害侵扰。

2. 品种选择

水稻选择抗病能力强的“野香优 3 号”或“中浙优 1 号”等优良品种。鱼种选择禾花鲤、鲤或泥鳅等。

3. 水稻种植和鱼种放养

每年 5 月中下旬完成水稻种植，待秧苗返青、根系较为完善后的7～10 天投放鱼苗，投放密度为 5～6 厘米的荷花鲤 4 500～7 500 尾/公顷或 3 厘米的泥鳅鱼种 30 000 尾/公顷，可搭配草鱼 300 尾/公顷。

4. 养殖管理

（1）管护喂养　鱼苗投放前期主要投喂人工配合饲料，以便培育至大规格鱼种；后期投喂米糠、剩饭菜等，提升鱼类品质，日投喂一次。稻鱼综合种养期间不使用化肥农药，可不定期施用农家肥。

（2）收割补苗　8月中旬完成一季稻的收割，收割前降低稻田水位，鱼使自然进入鱼沟（凼），按“捕大留小、捕大补小”的原则，及时捕捞商品鱼上市，并补充鱼种。一季稻收割完成后，适时增加稻田水位，剩余稻秆继续在稻田中生长，再生稻至10月中下旬成熟后收割，养殖鱼按一季稻捕捞模式收获成商品鱼，鱼种保留在稻田中越冬，作为翌年稻鱼综合种养的鱼种。

四、效益情况

测产结果显示：该模式产值可达72 090元/公顷，其中，一季稻平均产量12 675千克/公顷，比传统“一季稻＋鱼”平均增产4 500千克/公顷，产值达22 890元/公顷；再生稻平均产量4 500千克/公顷，平均价格3.6元/千克，产值16 200元/公顷；稻田平均产鲜鱼825千克/公顷，平均价格40元/千克，产值33 000元/公顷。扣除成本6 675元/公顷（其中稻种675元，鱼种1 950元，农药900元，农家肥1 650元，鱼饲料1 500元），平均纯利润达65 415元/公顷。稻谷平均产量提高了35.5%，产值提高41%，纯利润提高61.0%，效益显著。

第九节　从江侗乡“稻鱼鸭”生态综合种养模式

一、模式特点

“种植一季稻、放养一批鱼、饲养一批鸭”是从江侗乡世代沿袭的传统生态农业生产方式，凝集了侗乡人的经验与智慧。从江侗乡“稻鱼鸭”生态综合种养模式的主要特点是种植对山地环境具有高度适应性的糯稻品种（具有耐阴、耐寒、耐淹等特点）；鱼种选择鲤，套养鲫、草鱼；鸭种选择小种麻鸭，充分利用了三种物种的特定习性，实现了稻、鱼、鸭的和谐共处，互惠互利。该种养模式主要经济效益体现在糯米和麻鸭的产值上。

二、模式来源及分布地区

1. 模式来源

从江县位于贵州省黔东南苗族侗族自治州东南部，北与榕江县为邻，西与黔南州荔波县、广西环江县相连，南抵广西融水县界，东与本州黎平县、广西三江县相接，总面积为 3 244 公顷。从江县属中亚热带温暖类型，年平均气温 18.4℃，四季如春，气候宜人，从江县地处云贵高原向广西丘陵山地过渡地带，最高峰为九万大山元头界峰海拔 1 670 米，最低为都柳江出境处海拔 145 米，相对高差 1 535 米。全县山地面积 2 963 千米^2，占总面积的 91.34%，坝子面积 64 千米^2，占 2%，河流滩涂面积约占 4%。

从江侗乡“稻鱼鸭系统”已有 1 200 多年的历史，当地侗族曾长期居住在东南沿海，因为战乱辗转迁徙至湘、黔、桂边区定居。虽然远离江海，但该民族仍长期保留着“饭稻羹鱼”的生活传统。这最早源于溪水灌溉稻田，随溪水而来的小鱼生长于稻田，秋季一并收获稻谷与鲜鱼，长期传承演化成稻鱼共生系统，后来又在稻田择时放鸭，同年收获稻鱼鸭。2011 年从江侗乡“稻鱼鸭系统”被联合国粮食及农业组织授予“全球重要农业文化遗产”，2013 年成功入选中国第一批重要农业文化遗产。

近年来，从江县发挥“稻鱼鸭系统”品牌效应，大力实施“稻鱼鸭”生态产业，促进了“稻鱼鸭系统”的传承、保护和发展，促进了农业增效和农民增收。2015 年，从江县将“稻鱼鸭”生态产业纳入全县“四大”特色优势产业进行重点发展，全县发展“稻鱼鸭”生态综合种养面积达0.33万公顷，渔业增加值和水产品产量以年均10%速度递增。

2. 分布地区

贵州黔东南稻作区。

三、技术措施

1. 稻田准备

加固田埂，做到田埂不渗漏、不坍塌；在稻田中开挖鱼沟，呈“一”字形或“十”字形，鱼凼可在田中开挖，形状呈圆形。

2. 品种选择

主要种植品种有从江香、香禾糯、早熟糯等；鱼类品种为鲤，套养草鱼或鲫等；鸭苗品种为本地小麻鸭。

3. 稻谷栽插和鱼种投放

每年4—5月完成秧苗栽插，栽插方式为宽窄栽培模式；水稻栽后7天左右秧苗返青，投放鱼种，密度为鲤鱼种3 000～45 000尾/公顷。

4. 鸭苗放养

待田中放养的鱼苗体长超过5厘米，稚鸭无法捕食时，放养稚鸭；水稻郁闭后，鱼体长超过8厘米时，放养成鸭。鱼、鸭生长期为120～140天；水稻收割前期，开始禁鸭；水稻、鱼收获后，再次放鸭。

四、效益情况

“稻鱼鸭”生态综合种养模式平均产稻谷10 042千克/公顷，鲜鲤364.5千克/公顷、麻鸭670.5千克/公顷，平均产值102 000元/公顷，是常规耕作经济收入的10倍多，生态效益与经济效益显著。

第六章 山区型稻鱼综合种养典型案例

第一节　青田模式典型案例

——仁庄镇愚公家庭农场传统稻鱼共生生态系统模式

一、典型案例基本信息

青田愚公农业科技有限公司所属的愚公生态农场位于青田县仁庄镇金垟村，在浙江省东南部，瓯江中下游，毗邻温州。农场主要采用传统稻鱼共生生态系统模式，从事稻鱼共生生态立体循环种养。愚公生态农场建于2012年，占地8公顷，是浙江大学、上海海洋大学等高校的产学研基地。

二、技术要点

1. 基础设施建设

①田块要求水源充足，水质良好，无污染，排灌方便，田块的抗旱防涝，保水保肥能力要强，并且不渗漏水。

②田埂加宽至30厘米以上，加高至50厘米以上，坚固结实，不漏不垮。

③稻田斜对两端安排好进、排水口，加拦鱼栅。

④在进水口或投饲点深挖搭棚遮阳，防白鹭。

2. 种苗品种

①水稻品种选择抗倒伏、抗病虫、米质优的品种，如中浙优系列中的“浙优”1号、8号，“甬优”系列中的“甬优”15、1540、17等。

②田鱼品种为大规格夏花（10～20尾/千克）青田田鱼。

3. 水稻管理

①消毒和施肥，稻田用生石灰消毒，施有机肥，控制氮肥，以基肥为主，一般不施追肥，鱼粪能满足水稻中后期生长需求。

②移栽密度为稀植30厘米×30厘米（或35厘米×25厘米），10.5万～11.25万丛/公顷。

③病虫害和杂草防治，采取农业生态综合防治，稻鱼共生田块基本没有草害，稻飞虱、螟虫、纹枯病等病虫害明显减轻。防治关键在抽穗期。

④免搁田（烤田），利用深水位（20厘米以上）能控制无效分蘖。

4. 田鱼管理

①放鱼：在水稻移栽7天后，放大规格夏花鱼种4 500～7 500尾/公顷，鱼种用盐水消毒（运输前2天禁食）；②投喂：投喂配合饲料或米糠、麦麸，投喂量为鱼种重的1%～2%，定时、定点，每天1～2次；③防害：防白鹭，需加盖防鸟网；④田间管理：定期巡田，查看水质情况是否清新，保证水位与拦鱼设施完好。

5. 收获（捕）

带水割稻，捕成鱼贮塘上市，留小鱼续养；或排水干田抓鱼，放暂养池集中销售，1～3个月晒田后重新放冬片养殖。

6. 品牌建设

愚公生态农场采用稻鱼共生的生态有机方法（坚持不用农药与化肥）生产的稻米品质优良，该稻米（香米）在2016年获得有机认证，先后被评为县、市、全国优良稻米。2015年，农场参加在上海举办的长三角地区稻田（水产）养殖技术研讨交流会暨优质农（水）产品评比与展示会，荣获“绿色生态奖和技术创新奖”金奖。2016年，农场参加全国稻田综合种养产业技术发展论坛和稻田种养优质生态大米的评比与展示，荣获“稻田综合种养技术评比技术创新奖”银奖和“稻田综合种养优质大米评比最佳品质与口感奖”银奖，2017 年农场申请了“恬恬稻鱼香”商标。

农场养殖的青田田鱼经腌制烘烤熏制，加工成的田鱼干具有奇香、异常鲜美等优点，深受广大华侨的喜爱，作为家乡的珍品带到世界 160 多个国家或地区。目前鱼干的市场价格为 70～80 元/千克，通过鱼干加工产业化，形成产业链，在旅游业和外贸出口业的带动下，可获得巨大的经济效益。

三、效益分析

1. 经济效益

农场采用传统的“稻鱼共生”模式，结合现代农业管理方法，在连续 6 年不用农药化肥的情况下，每 667 米^2 产达到“千斤粮、百斤鱼，万元钱”。水稻每 667 米^2 产量达 6 750 千克/公顷，产值 75 000 元/公顷，鱼产量达 1 500 千克/公顷，产值达 120 000 元/公顷。每 667 米^2 产达到万元以上，增加收入一倍多，达到稻、鱼双丰收。

2. 生态效益

化肥减少 40%～80%，农药减少 60%～100%，并节省除草劳动力，减少农业面源污染。

3. 社会效益

拓展农业功能和内涵，有机结合文化、休闲观光业，带动第三产业发展。

四、经验分享

青田田鱼鱼鳞光滑柔软富有弹性，可直接食用，肉质鲜美、富含不饱和脂肪酸，田鱼汤鲜香浓郁呈乳白色而享誉中外。愚公生态农场在保护青田田鱼原种纯正性方面做了大量工作，自己繁殖田鱼鱼苗。目前农场存有 10 个不同花色的品种（黑、青、橙红、大红、红芝麻花、白芝麻花、红大花、橙大花、白大花、白色），年育田鱼苗2 000万尾以上。且农场利用冬天农田闲散的时候投放冬片田鱼，经过6个月（11月至第二年5月）的田鱼觅食翻搅活动，第二年5月插秧不必要翻耕打糊，节约劳力，同时鱼粪可作为绿肥肥田，田鱼也增产50%。

第二节　云南稻鱼共作模式典型案例

——寻甸县胜利村委会半弓田村稻鱼共作综合种养模式

一、典型案例基本信息

寻甸县位于云南省东北部，有大小河流20多条，水资源十分充沛，全县水资源总量达21亿米^3。气候温和，为北亚热带季风气候。全县总耕地面积3.67万公顷，其中适宜稻鱼综合种养面积1666.67公顷。寻甸县自2008年起开始在全县推广稻鱼综合种养，特别是近两年，加大了推广规模和力度，采取“稻鱼共生＋扶贫”的方式，开展产业扶贫，收到了良好的效果。

寻甸县胜利村委会半弓田村，2017年有34户人口，其中建档立卡贫困户7户，是典型的贫困村。村民大多是20世纪80年代末期，从边远山区移民过来的彝族，由于文化程度较低，没有什么技能，祖祖辈辈只会在山上种土豆、玉米、苦荞等农作物，生活很困难，为了帮助群众脱贫致富，当地农业部门指导群众调整农业产业结构，积极组织开展稻鱼综合种养技术培训，免费提供鱼种和技术指导，全面推广稻鱼综合种养。该村有20户参加稻鱼综合种养，面积10公顷。

二、技术要点

1. 田间工程建设

①开挖鱼沟、鱼溜。按稻田面积8%的比例开挖鱼溜，溜深1.0～1.2米；开好鱼沟，沟宽80厘米、深30～50厘米。

②加高、加宽夯实田埂。高 50 厘米，宽 40 厘米。

③开好进、排水口，建设拦鱼设施。排水口安装竹箔、聚乙烯网片或钢丝网等拦鱼栅。

2. 鱼种放养

投放大规格鱼种，规格要求 50～100 克/尾，投放量 150～225 千克/公顷，投放品种为建鲤或大宗新品种芙蓉鲤鲫、福瑞鲤，鱼种投放时间为秧苗返青后 7～10 天。

3. 田水管理

在水稻生长期间，稻田水深应保持在 7～15 厘米，既有利于稻禾苗发蔸，又利于鱼防暑降温。

4. 防逃

平时经常检查拦鱼栅、田埂有无漏洞，暴雨期间加强巡察，及时排洪、清除杂物。

5. 农药施用管理

正确处理稻鱼综合种养与施农药化肥的矛盾关系。水稻施药前，先疏通鱼沟、鱼溜，加深稻田水至 10 厘米以上，粉剂趁早晨稻禾沾有露水时用喷雾器喷施，水剂宜在晴天露水干后喷雾器以雾状喷出，应把药喷洒在稻禾上。

6. 饲喂管理

为保证苗种快速生长，因地制宜地投喂麦芽、麦麸等粗饲料。

三、效益分析

根据寻甸县胜利村委会半弓田村稻鱼综合种养与常规稻田种植对比测产，稻鱼综合种养测产面积 10.5 公顷，常规水稻（未养鱼稻田）5.59 公顷。常规水稻种植产值仅为 33 750 元/公顷；稻鱼综合种养比常规水稻增产鲜鱼 259.5 千克/公顷，增产稻谷 315 千克/公顷，按鲜鱼 60 元/千克、稻谷 3.5 元/千克计算，可增加产值 76 650 元/公顷，扣除养鱼及人工费等成本 1 650 元/公顷，纯收入为 75 000 元/公顷。稻鱼综合种养较常规水稻种植效益增加 1 倍有余。该村合计增收27.5万元，户均增收1.3万元。

四、经验分享

稻鱼综合种养切切实实增加了百姓收入，尤其是带动贫困户脱贫效果显著，改善了农村生态环境，真正达到了以粮为主、以渔促粮、生态优先、产业脱贫、精准扶贫的目的，通过一田多收和一水两用，稻田逐步形成最大的季节性人工湿地，实现了经济效益、社会效益和生态效益三赢，是有效的农业产业脱贫模式。

第三节　哈尼梯田“稻鱼鸭”模式典型案例

——元阳县呼山众创农业开发有限公司“稻鱼鸭”综合种养模式

一、典型案例基本信息

近年来，各级领导高度重视哈尼梯田稻鱼综合种养产业扶贫工作，现如今已构建了“政府引导，企业运营，科技推广单位支撑，贫困户参与”的发展机制。各级部门通力合作，努力将哈尼梯田稻鱼综合种养模式打造成农耕文化保护、少数民族地区产业扶贫、山区型稻鱼综合种养的发展样板。在这样的发展背景之下，元阳县呼山众创农业开发有限公司作为哈尼梯田稻鱼综合种养的运营企业，同时也是示范区管理经营主体，有效开展“稻鱼鸭”综合种养模式（彩图18），取得了很好的成效。该公司成立于2016年12月，是一家集农产品种植、水产畜禽养殖、销售于一体的农业龙头企业，公司成立后，按照《全国水产技术推广总站哈尼梯田稻鱼综合种养示范基地共建协议》积极开展稻鱼综合种养配套工程建设工作。

1. 哈尼梯田稻鱼综合种养示范基地

该公司分别在新街镇黄草岭村、大鱼塘村、全福庄村建设试验示范基地3个，采用土地流转的方式，打造了17.33公顷高标准示范基地。通过基地示范，采用“公司＋合作社＋农户”的方式推广稻鱼综合种养187公顷，依托中国水产科学研究院淡水渔业研究中心、云南省水产技术推广站的技术力量，并得到全国水产技术推广总站、云南省渔业局、红河州水产站、元阳县水产站的大力支持，开展哈尼梯田“稻鱼鸭”综合种养模式。

2. 建设元阳县南沙镇呼山苗种孵化基地

该公司水产苗种繁育中心占地面积46.7公顷，拥有养殖水面13.3公顷，有优质鱼苗培育池3个共4 669米²，网箱40口（5米×10米的20口，5米×5米的20口），鱼苗孵化车间360米²，孵化桶、净化器、紫外线杀菌器等配套设施完备。年培育福瑞鲤鱼种250吨，能满足开展1 000多公顷稻鱼综合种养的鱼种需求，为哈尼梯田稻鱼综合种养产业发展提供有效苗种保障。

二、技术要点

元阳县呼山众创农业开发有限公司哈尼梯田稻鱼综合种养示范基地采取的主要技术措施如下：

（一）品种

1. 稻谷品种

选择高产、优质、抗病、耐寒、适应强的中熟品种红阳2号、红阳3号、红稻8号等优质梯田红米品种栽种。

2. 鱼苗品种

福瑞鲤、芙蓉鲤鲫。

3. 鸭苗品种

本地麻鸭（蛋鸭）。

（二）稻鱼工程建设

1. 加固田埂

将田埂加高0.5米以上，埂顶宽0.4～0.5米，水层保持在

0.2 米以上，做到田埂不渗漏、不坍塌。

2. 开挖鱼沟、鱼凼（溜）

（1）鱼沟　在栽插时依据稻田的形状挖成“一”字形、“十”字形等形状的沟，离田埂 1.5 米处开挖，沟宽 60～80 厘米，深 50～60 厘米；

（2）鱼凼（溜）　鱼凼（溜）大小视梯田的面积大小确定，面积一般为 5～20 米^2，深度为 1.2～1.5 米。鱼凼（溜）时可在梯田的一端、内埂或田中间开挖；形状可挖成长方形、圆形或三角形；溜埂高出梯田平面 20～30 厘米，并使沟、凼（溜）相通。

（3）沟、凼（溜）面积　沟、凼（溜）面积占梯田面积的 6%～10%，为了不破坏梯田的原状，建设沟、凼（溜）时不采用硬化工程，护坡可采用金属网或竹篾等易拆除及对环境无影响的材料。

3. 开设进、排水口

进、排水口开在梯田相对角的田埂上，用砖、石块或用泥土筑成，宽度因田块大小而定，一般为 30～60 厘米。并安装好用塑料网、金属网或竹篾编织的拦鱼栅，拦鱼栅呈“︵”或“∧”形，入泥 20 厘米。

（三）水稻种植

呼山众创农业开发有限公司试验示范基地海拔为 1 200 米以上，水稻栽插时间为 4 月下旬，根据不同田块肥力水平、不同品种生育特性、秧苗素质、秧龄和目标产量，合理确定基本苗。秧龄控制在 40～45 天，叶龄 5.5 叶，单行条栽，行株距为 26.67 厘米×15.50 厘米，栽种 25.5 万丛/公顷，每丛 1 苗。

（四）鱼种投放

1. 投放密度

按鱼产量 900 千克/公顷，鱼增长倍数为 4 倍计算，每公顷需投放规格为 25 克/尾左右的鱼种 225 千克。

2. 投放时间

待梯田中栽插的秧苗返青后（约 5 月中旬），即放养鱼种。放养鱼种时用3%食盐水浸泡5～10分钟进行鱼体消毒。

（五）鸭苗投放

1. 鸭舍建设

在田间一侧按每平方米10只鸭，建立长期性固定鸭舍，舍顶遮盖，三面封闭，保持通风透气，舍底用木板或竹板平铺。鸭舍起到遮阳防晒、阻风挡雨、防寒保温和防止兽害的作用。

2. 鸭苗投放

在3—5月，秧苗缓苗后就可以放鸭，每公顷投放240只50日龄左右的成鸭，放鸭时间选择晴好天气的10：00，放鸭后要求管理人员进行喂鸭、训鸭，使鸭听从口令。在水稻灌浆至收获期间圈养蛋鸭。

（六）日常管理

1. 给水管理

水稻返青期，水位保持3～5厘米，让水稻尽早返青；鱼种投放后，田间水位保持在10厘米左右；到水稻生长中后期，水位保持在15厘米以上。

2. 肥料使用

遵循以底肥为主、追肥为辅，以有机肥为主、无机肥为辅的原则。

（1）*施足底肥*　以农家肥为主，辅施氮磷钾肥。每公顷施腐熟农家肥15 000～22 500千克，普钙750千克，氯化钾225千克，硫酸锌30千克，或氮、磷、钾含量为15∶15∶15的三元复合肥600千克。

（2）*适时追肥*　栽后35～45天，每公顷施尿素75～150千克；在水稻齐穗期和灌浆期，每公顷用磷酸二氢钾3 000克和尿素7 500克兑水750千克作叶面肥各喷施1次；已投放鱼种的田间，追施化肥时要求次多量少；化肥不能直接撒在鱼溜或鱼沟内。

3. 投喂饲料

（1）*鱼的饲养*　放养稻田可有目的地栽植如浮萍、绿萍之类的水生植物，增加鱼的天然饵料。为了保障生态养殖和提高产量，可投喂米糠、麦麸、豆渣、酒糟、玉米面等粗饲料。每天投喂量按鱼总体重的2%～4%计算。

（2）鸭饲养　每天每只鸭用稻谷或玉米50～100克饲料补饲，同时适量补充青草饲料，杜绝用发霉、发臭、变质的饲料喂养。

（七）病害防治

1. 防治水稻病虫害

以生物防治和物理防治为主，必要时再合理施用药物防治。防治时使用高效、低毒、低残留农药；严格掌握农药的安全使用量，施放农药，尽量施放在水稻茎叶上，粉剂农药要在清晨露水未干时喷撒，水剂农药要在露水干后喷雾；施药前稻田水深要在10厘米以上。

2. 鸭病防治

坚持“预防为主、防治结合”的防控方针，结合地方实际，制订合理的免疫程序。雏鸭在3～7日龄内饲料中加入万分之二的土霉素，以防雏鸭消化道疾病或肠炎。20日龄注鸭瘟弱毒疫苗1毫升，30～40日龄注禽霍乱苗2毫升。平常可用磺胺噻唑按0.5%～1%的比例拌饲料连喂3～5天，停10天后再喂；也可用0.01%～0.02%的高锰酸钾饮水防疫。

（八）收获

1. 收割稻谷

“九黄十收”，谷粒成熟度达90%以上时及时收割脱粒，晒干贮藏。

2. 捕鱼

稻谷收割时或收割后就可以放水捕鱼。捕鱼前疏通鱼沟、鱼溜，缓慢放水，使鱼集中在鱼沟、鱼溜内，在出水口设置网具，将鱼顺沟赶至出水口一端，让鱼落网捕起。达到上市规格的食用鱼上市出售，其他的放回梯田继续饲养或转入其他水体饲养。

3. 鸭蛋

适时收捡鲜蛋，集中包装出售。

三、效益分析

1. 经济效益

2017年元阳县呼山众创农业开发有限公司实施的哈尼梯田"稻鱼鸭"综合种养示范基地，共投放福瑞鲤和芙蓉鲤鲫鱼种4 364千克，平均每公顷放养鱼种300千克。9月25日，对示范基地随机选择两块稻田进行现场实割实测，结果为平均每公顷产梯田红米6 159千克，以7元/千克计，产值43 113元；每公顷产鱼642千克，以50元/千克计，产值32 100元；预计每公顷产成鸭368只（包含30只公鸭），第一年产蛋28 350枚，2元/枚，产值56 700元；成鸭60元/只，产值22 080元，合计每公顷产值153 993元，扣除种养成本65 550元，净利润88 443元/公顷。

2. 社会效益

开展哈尼梯田稻鱼综合种养，有利于充分挖掘梯田资源品牌优势，发展梯田系列品牌农产品，提高梯田产出率，发展高效农业，丰富城乡菜篮子市场，满足社会需求。同时，可保证粮食安全，促进农民增收，并对保护哈尼梯田世界文化遗产，促进旅游业发展具有重大意义。

3. 生态效益

稻鱼综合种养模式是种植业与养殖业的有机结合。一方面，田里养的鱼、鸭可摄食稻田里的浮游生物、底栖生物、水生昆虫、微生物等，从而减少饲料使用量，促进鱼、鸭的生长；另一方面，通过鱼、鸭的游动、采食和排泄等活动，可以抑制杂草生长和疏松土壤，增加有机肥，有利于水稻生长，减少化肥、农药用量，从而减少环境污染，形成生态良性循环。稻、鱼、鸭、蛋农产品质量提升，保证了农产品质量安全，实现了增产增收，生态效益显著。

四、经验分享

元阳县呼山众创农业开发有限公司以建设鱼苗良种繁育基地和稻鱼综合种养示范基地为突破口，秉承生态、绿色、休闲、观光、科普为一体的发展理念，着力打造农旅融合，促进一、二、三产业共同发展。在政府引导下，公司采取“五统一”方式，即统一品种、统一收购、统一包装、统一品牌、统一销售，与农户所成立的农业合作社签订产品收购服务协议，在带动产业规模化发展的同时，带动农民增收致富。

为提高农户的专业种养水平，充分调动农民生产积极性，公司以“基地+农户”为载体，在田间地头发放稻鱼综合种养资料，根据生产阶段农时季节特点，邀请技术专家开展技术培训，做好试验示范工作。2017 年开展技术培训 5 场次，培训人数达 400 余人，农户参加“稻鱼鸭”综合种养模式积极性大大提高。

2017 年公司积极组织申报国家级稻鱼综合种养示范区，在 2018 年 1 月 30 日农业部公布的首批 33 家国家级稻鱼综合种养示范区名单中，元阳县呼山众创农业开发有限公司的示范基地被获批第一批全国国家级稻鱼综合种养示范区（山区型），是云南省当前仅有的两家国家级稻鱼综合种养示范区之一。

第四节　西双版纳“塘田式”典型案例

——勐海县依布养殖专业合作社“塘田式”
稻鱼综合种养模式

一、典型案例基本信息

西双版纳州“塘田式”稻鱼综合种养模式是在水稻收割完后，利用冬闲稻田养鱼。该模式分布以勐海县坝区的勐遮镇和勐混镇为主，景洪市和勐腊县有小面积分布。根据笔者 2016 年 10 月 31 日对西双版纳州勐海县勐遮镇曼洪村委会曼浓迈村的勐海县依布养殖专业合作社调研，曼浓迈村“塘田式”稻鱼综合种养模式主要由勐遮镇依布养殖专业合作社参与实施。该合作社于 2014 年成立，截至目前已发展社员 216 户，共 728 人，有养殖面积 87.1 公顷，主要从事稻田养殖推广和回收销售种养产品等。

二、技术要点

据该合作社负责人介绍，开展“塘田式”稻鱼综合种养，养鱼稻田需经过改造，对田埂进行加高，稻田蓄水一般可达到 60～90 厘米，蓄上水后看上去和池塘差不多。同时，对田埂进行加宽，一般埂宽超过 1 米，用于种植时令蔬菜。具体技术措施如下：

（一）品种

1. 水稻品种

“滇屯 502”。

2. 鱼苗品种

主养品种以建鲤、禾花鲤为主，搭配少量鲢、鳙、草鱼。

（二）稻鱼工程建设

工程建设因地制宜，一般田块面积 0.2～1 公顷为宜，埂高 1.2～1.5 米，夯实后不低于 1 米，埂宽 1.5～2 米，公共田间道路 5～6 米，能供联合收割机及其他农机行驶，稻田进、排水口要对角，使田内水流均匀流转。

（三）清塘

水稻收割后，换水两次（10 天左右），使一些腐败及有毒有害物质排出去，保证水质清新。放养前 5～7 天应进行清塘消毒，除杂、防敌害和防逃以及保证养殖用水清新是提高成活率的关键。

（四）鱼种投放

1. 放养规格

鲤 10 朝以上，鲢、鳙尾重 100 克以上，草鱼尾重 200 克以上。

2. 投放时间

鱼种投放时间为每年 7 月中旬。

3. 放养数量

投放建鲤 750～120 尾/公顷，鲢、鳙 10 尾，草鱼 10 尾，有时因投放规格不同，数量有所变化，大规格苗种的投放总量控制在 100 尾内。

（五）田间管理

养殖全程不投喂配合饲料，养鱼期间每天要巡视，早晚“三看”即看天、看水、看鱼。雨季要防洪水浸埂，防止鱼逃逸，注意保持一定的水位，观察鱼群活动情况，发现伤、病鱼应立即采取防治措施。稻鱼综合种养生态环境好，放养密度不高，鱼病极少发生。

（六）埂上种菜

利用田埂种植时令蔬菜，一年四季轮作。第一季：9—11 月，种植青菜；第二季：12 月至翌年 2 月，种植蒜苗；第三季：3—8 月，种植小米辣。

（七）收获

1. 水稻

养鱼稻田一般增产稻谷 750～1 500 千克/公顷。

2. 鱼

稻田中的鱼经 4～6 个月的养殖，在只利用田间生物饵料的前提下，建鲤可长至 0.5～1 千克/尾，鲢、鳙可长至 1～2 千克/尾，草鱼可长至 2 千克/尾左右。每 667 米^2 平均单产达到 90.5 千克。

三、效益分析

1. 经济效益

（1）种稻　稻谷产量 7 950 千克/公顷，按市场价每千克 3.4 元计算，每公顷可得产值 27 030 元，每公顷成本 7 200 元，扣除成本可得收益 19 830 元。

（2）养鱼　每公顷稻田投放苗种在 1 500 尾左右，以建鲤、禾花鲤为主750～900尾（规格12朝），鲢、鳙150尾（规格100克以上），搭配其他品种少量的养殖模式，鱼种成本大概1 500元。水产品产量约1 350千克/公顷，每千克12元，每公顷稻田水产品产值16 200元，利润14 700元左右。

（3）种菜埂上种植蔬菜　收益10350元/公顷。

第一季:9—11月。种植青菜,单产4 800千克/公顷,按1元/千克计算,每公顷产值4 800元,扣除成本1 500元,收益3 300元。

第二季：12月至翌年2月。种植蒜苗，单产3 000千克/公顷，每千克按2元计算，每公顷产值6 000元，扣除成本1 800元（含种子肥料），可得收益4 200元。

第三季：3—8月。种植小米辣，单产1 200千克/公顷，每千克按4元计算，每公顷产值4 800元，扣除成本1 950元（含种子肥料农药），可得收益2 850元。

勐海县依布养殖专业合作社开展“塘田式”稻鱼综合种养的纯利约4 5000元/公顷。

2. 生态效益

（1）废物利用　“塘田式”稻鱼综合种养的稻田生态环境中，鱼通过取食水中的浮游动植物、底栖动植物、有机碎屑、杂草及一部分害虫等，把在传统耕作中注定要流失、遗弃而浪费的能量物质，转化成鱼和鱼粪（供稻、菜吸收利用），实现稻、鱼、菜丰收。

（2）减少面源污染　养鱼的稻田少施农约、化肥，不施除草剂，稻谷品质得到相应提高，面源污染得到减少。

（3）提高土壤肥力　增加稻田土壤有机质含量，改善土壤肥力和通透性，增强稻田生产力，能有效改善因长期施用单元素化肥而产生的土壤固结及土壤养分失调情况。

（4）预防病虫害　稻田养的鱼食用大量的蚊子幼虫和螺类，可以降低疟疾、丝虫病及血吸虫等严重疾病的发病率，改善了农民的生活环境。

3. 社会效益

（1）开拓新的养殖水域　“塘田式”稻鱼综合种养是在水土资

源有限的情况下，集种、养于一体，稻、鱼、菜共生，以立体农业模式的开发，提高了土地的利用和产出率，大大挖掘了渔业增长潜力。

（2）帮助农民增收致富　稻鱼综合种养不但稳定了市场上稻、鱼、菜等食品的安全供给，而且解决了农村一部分劳力就业问题。它对增加农民的收入，改变农民传统养殖方式，提高种养管理水平，帮助农民增收致富，促进农村经济和社会进步意义重大。

四、经验分享

（1）稻鱼工程建设需田块改造　工程建设要求塘、田、沟、路配套，每块田块面积0.2～1公顷，若一家田块有几处的应与其他农户相互调整，使多处小田合并成大田，不规则田块变成规则田块，这样便于农民生产管理，也便于机械操作。

（2）稻鱼工程建设是发展稻鱼综合种养的长久之计　稻鱼工程建设，一次投资长期受益，因其功能适应当前农民生产生活的需要，被广泛接受。

（3）稻鱼综合种养要获得丰产，苗种是关键　合作社基本都是当年投放，当年养成商品投放市场。技术上一是要控制投放数量，二是要保证投放规格，三是要保证投放苗种的质量，才能保证收到较好的养殖效果。

第五节　德宏“土著鱼”模式典型案例

——芒市“土著鱼”稻鱼综合种养模式

一、典型案例基本信息

“酸笋煮挑手鱼”是德宏傣族有名的特色菜，傣家的传统做法是用当年腌制的酸竹笋配上稻田养殖的“挑手鱼”，待水开后放入剁细的番茄、食盐和稻田“挑手鱼”，文火慢煮。鱼久煮不烂，汤汁浓白，鲜香四溢，雪白的酸笋、金黄的稻鱼、红透的番茄，配上蒜泥小米辣蘸水，勾得人直流口水。“挑手鱼”为本地胡子鲇，产于德宏，喜在水田中生长，最大个体体长20厘米，重约1千克，头大扁平，嘴大似蛙，上唇两边有两个对称的须，胸鳍两边各有一对硬棘，极其锋利，可将捕捉者的手挑破，故名“挑手鱼”。此鱼肉厚质细，营养丰富，富含胆固醇和蛋白质，是德宏开展“土著鱼”稻鱼综合种养模式的主要养殖品种。

据德宏水产站提供的资料，德宏农业综合开发办公室于2016年实施德宏芒市“土著鱼”稻鱼综合种养项目，种养面积为15公顷，地点在芒市勐戛镇勐旺村民委员会拱弄场村民小组、轩岗乡芒广村民委员会拉哏村民小组、轩岗乡丙茂村民委员会拉卡村民小组，其中勐戛镇6.7公顷，轩岗乡13.3公顷。

二、技术要点

1. 田块选择

养鱼稻田必须要选择水源充足，旱不干、雨不涝，排灌自如，保水性能好，面积相对集中连片的地区。

2. 田埂要求

加高、加固田埂，要求埂高不低于0.5米，顶宽0.3米，并捶打结实，做到大水不淹埂，不倒、不塌、不漏。

3. 开设鱼凼、鱼沟

养鱼稻田的鱼凼面积占稻田总面积的5%～8%，开挖在田中央或田头间，一般开挖成长方形或圆形，深为1.2～1.5米。在稻田里开挖鱼沟，沟宽0.8～1.2米，深0.6～0.8米，主沟开在田中央，沟的形状根据田块的大小而定。一般开成“十”字形、“田”字形、“井”字形和“工”字形等。

4. 开进排水口

进、排水口一般开在稻田的相对两角，进水口要比田面高，排水口要与田面平行或略低一点。在进、出水口处安装坚实、牢固的拦鱼栅，防止鱼逃走和野杂鱼等敌害进入养鱼稻田。拦鱼栅一般可用竹子或铁丝编成网状，其间隔大小以鱼逃不出为准。

5. 鱼凼、鱼沟消毒

在鱼种投放前10～15天，每667米^{2}鱼沟、鱼凼用生石灰100千克带水进行消毒，以杀死敌害生物和致病菌。

6. 鱼种投放

待秧苗转青后方可投放，鱼种下田时，用3%～5%食盐水浸洗消毒5～15分钟；亩投放10～15厘米规格的鱼种120～150尾。

7. 饵料投喂

放鱼后每天早、晚各投喂一次，饵料以米糠、玉米面粉、麦麸及鱼用颗粒饲料等为主，投喂量为鱼体重的4%～5%或以鱼食料略有剩余为宜。

8. 日常管理

坚持每天巡回检查一次，主要根据稻田水质、鱼摄食活动等情况来决定投饵量和水流量，水位在不影响水稻生长的前提下，要尽量提高。同时认真查看田埂及进、出水口等防逃设施是否完好，若发现问题及时采取有效措施补救。

9. 施药管理

施农药防治稻谷病虫害时，加深田水，保持在10厘米以上，选用高效低毒农药，施用时尽量喷在稻叶上，粉剂在早晨喷撒，水剂宜晴天露水干后喷洒，雨前不施药，严禁使用禁用农药和渔药。

10. 适时收获

收割稻谷前，排干水田起捕商品鱼，即可上市销售，同时可以根据市场行情移入池塘暂养，待春节和清明节上市，以满足消费者不同季节的需求，使之达到“旺季、淡季”的调节作用，获得最好经济效益。

三、效益分析

1. 经济效益

2016年9月20日、29日，项目实施小组德宏农业综合开发办公室对项目区 2 户养殖户进行了实地抽样测产检查，抽查面积 0.37 公顷，其中：

（1）轩岗乡芒广村民委员会拉哏村民小组景三团　面积 0.23 公顷。经实际测产，平均鱼类单产达 964.35 千克/公顷，产值 28 930.5 元/公顷（按 30 元/千克计算），扣除成本 10 500 元/公顷，纯利 18 430.5 元/公顷。

（2）轩岗乡丙茂村民委员会拉卡村民小组李岩相　面积 0.133 公顷。经实际测产，平均鱼类单产达 550.5 千克/公顷，产值 16 515 元/公顷（按 30 元/千克计算），扣除成本 10 500 元/公顷，纯利 6 015 元/公顷。

20 公顷稻鱼综合种养项目经测产、统计，总产鲜鱼 15 478 千克，平均单产 757.5 千克/公顷，单位产值 22 725 元/公顷，实现总产值 46.43 万元（按当地田间平均价格 30 元/千克计算），扣除成本 10 500 元/公顷，单位纯利 12 225 元/公顷，商品鱼纯利 24.98 万元，投入产出比 1∶2.2。稻鱼综合种养后，稻谷平均产量 8 700 千克/公顷，单位增产 150～225 千克/公顷；20 公顷增产约 4 000 千克，增加收入 9 600 元（稻谷按 2.4 元/千克计算）。两项合计为项目区农户新增纯收入 25.94 万元，平均新增纯收入 12 694.8 元/公顷，经济效益明显。

2. 生态和社会效益

开展“土著鱼”稻鱼综合种养模式在生产过程中，减少了病虫害防控药剂的使用，减轻了农田污染，提高了大米和水产品食用安全性。通过项目的实施，充分发挥稻田生产潜力，在农民稳粮增收的同时，增加了效益，解决了部分山区半山区群众吃鱼难问题，达到稻、鱼双丰收目标。同时，项目的实施起到了较好的示范辐射作用，提高了农户的科学养鱼水平，进一步扩宽农村致富道路，开辟了山区半山区渔业生产的新途径，项目实施后间接带动养殖户 500 户共 1 800 余人，养殖面积达到 73.33 公顷。

四、经验分享

（1）创新推广手段　该项目得以顺利实施，主要在于科技宣传培训力度大，对农民进行培训和指导，统一技术措施，统一工作方案。通过召开现场观摩演示会，分别从稻田选择、稻鱼工程模式、鱼种投放、日常管理、施肥用药、病害防治等各个环节做实地演示讲解，并指导农民实际操作，使农民尽快地掌握了稻鱼综合种养的基本技能。组织村干部和农民科技骨干参观学习轩岗乡芒广村民委员会拉哏村民小组典型养殖户成功的做法和经验，学习“养殖—生产—加工—销售”的经营模式，同时为做好产前、产中、产后的技术服务工作，科技人员还经常深入田间地头现场解答疑难问题。加强鱼种培育工作，项目实施单位与鱼种生产户签订鱼种供货协议，以确保鱼种质量和项目区鱼种供给。

（2）改变传统人工开挖鱼凼、鱼沟方式，首次推行机械化开挖鱼凼、鱼沟模式　为优化传统稻田养鱼养殖模式，发挥稻田生产潜力，进一步提高产量，德宏水产站积极联合芒市农业技术推广中心，在项目区芒市轩岗乡芒广村民委员会拉哏村民小组，推行运用挖掘机开挖鱼凼、鱼沟稻鱼工程建设面积7.4公顷。

（3）拓宽宣传渠道，不断提高稻鱼综合种养知名度　通过微信、报刊宣传“稻花鱼”的生态养殖，拓展了稻鱼综合种养的市场销售渠道，对农村群众稳粮增收和发展农村乡村旅游文化起到了较好的推动作用。

参 考 文 献

蔡仁逵，1983. 稻田养鱼［M］. 北京：中国农业出版社 .

陈昌齐，刘方贵，1999. 稻田养鱼高效实用技术［M］. 北京：中国农业出版社 .

高勇，2015. 水产养殖节能减排实用技术［M］. 北京：中国农业出版社 .

阕宽洪，郁桐炳，2009. 浙江青田“稻鱼共生”系统发展的新模式—从传统田鱼生产到现代渔业文化产业［J］. 中国渔业经济，21（1）：25-28.

洪健康，2017. 哈尼梯田稻鱼鸭综合种养绿色模式研究成效显著［J］. 中国农技推广，33（9）：12-14.

黄恒章，2014. 山垅稻田稻鱼生态综合种养技术示范试验［J］. 科学养鱼 10：18-19.

李梅，陈刚，龙云川，2017. 梯田稻鱼鸭综合种养技术要点［J］. 科学养鱼，3：19-20.

李永乐，2006. 世界农业遗产生态博物馆保护模式探——以青田“传统稻鱼共生系统”为例［J］. 生态经济（中文版）（11）：39-42.

刘其根，罗衡，2017. 稻渔综合种养的概念、理论体系及主要模式（上、下）［J］. 科学养鱼，30（10）：18-19.

孟顺龙，胡庚东，李丹丹，等，2018. 稻渔综合种养技术研究进展［J］. 中国农学通报，34（2）：146-152.

农业部渔业渔政管理局，2017. 2017 中国渔业统计年鉴［M］. 北京：中国农业出版社 .

全国农牧渔业丰收计划办公室编，1996. 稻田养殖技术［M］. 北京：经济科学出版社 .

荣登培，韦领英，2017. 广西三江县稻田养鱼的历史、现状、机遇与建议［J］. 大科技，3：218-219.

孙业红，闵庆文，成升魁，2008. “稻鱼共生系统”全球重要农业文化遗产价值研究［J］. 中国生态农业学报，16（4）：991-994.
孙亚洲，陈诚，2016. 稻田养殖的基本条件与田间工程建设［J］. 水产世界，10：42-43.
田树魁. 稻田生态养鱼新技术［M］. 昆明：云南科技出版社，2010.
肖放，2017. 新形势下稻渔综合种养模式的探索与实践［J］. 中国水产（3）：4-8.
邢小燕，1991. 贵州少数民族与稻田养鱼［J］. 中国水产，3：45.
徐顺志，黄德祥，1998. 重庆市稻田养鱼的新思考［J］. 中国渔业经济，5：20-21.
姚子亮，2006. 稻田养鱼优质高效种养模式［J］. 科学养鱼，12：19.
叶重光，叶朝阳，周忠英，2007. 无公害稻田养鱼综合技术图说［M］. 北京：中国农业出版社.
叶翚，2014. 福建山区稻田生态种养模式探讨［J］. 福建水产，36（5）：391-397.
翟旭亮，2016. 稻鳅共作—稻田综合种养技术［J］. 农家科技（4）：38-39.
詹全友，龙初凡，2014. 贵州从江侗乡稻鱼鸭系统的生态模式研究［J］. 贵州名族研究，35（3）：71-75.
张坚勇，2016. 因地制宜大力推进稻鱼综合种养［J］. 江苏农村经济（4）：4-5.
张显良，2017. 大力发展稻渔综合种养 助推渔业转方式调结构［J］. 中国水产（5）：3-5.
周江伟，刘贵斌，黄璜，2017. 传统农业文化遗产稻田养鱼进步与创新体系研究［J］. 湖南农业科学（9）：105-109.
朱泽闻，李可心，王浩，2016. 我国稻渔综合种养的内涵、发展现状及政策建议［J］. 中国水产（10）：32-35.

图书在版编目（CIP）数据

稻鱼综合种养技术模式与案例．山区型/全国水产技术推广总站组编；田树魁主编．— 北京：中国农业出版社，2018.11

（稻渔综合种养新模式新技术系列丛书）

ISBN 978-7-109-24442-9

Ⅰ.①稻…　Ⅱ.①全…　②田…　Ⅲ.①稻田养鱼一研究　Ⅳ.①S964.2

中国版本图书馆 CIP 数据核字（2018）第 179286 号

中国农业出版社出版

（北京市朝阳区麦子店街 18 号楼）

（邮政编码 100125）

策划编辑　郑　珂

责任编辑　王金环

北京万友印刷有限公司印刷　　新华书店北京发行所发行

2018 年 11 月第 1 版　　2018 年 11 月北京第 1 次印刷

开本：880mm×1230mm 1/32　　印张：5.5　　插页：4

字数：220 千字

定价：18.00 元